疎影橫斜水清

淺暗香浮動月

黃昏 林逋山園小梅句

丁酉夏 戴偉華

丛书主编 戴伟华

梅与诗

张明华 著

暨南大学出版社
JINAN UNIVERSITY PRESS

中国·广州

图书在版编目（CIP）数据

梅与诗/张明华著. —广州：暨南大学出版社，2018.12
（诗歌中国）
ISBN 978 – 7 – 5668 – 2307 – 6

Ⅰ.①梅…　Ⅱ.①张…　Ⅲ.①梅—诗歌研究—中国
Ⅳ.①S685.17②I207.22

中国版本图书馆 CIP 数据核字（2018）第 009331 号

梅与诗
MEI YU SHI
著　者：张明华
....

出 版 人：徐义雄
策划编辑：杜小陆　潘雅琴
责任编辑：焦　婕　潘雅琴
责任校对：崔军亚
责任印制：汤慧君　周一丹

出版发行：暨南大学出版社（510630）
电　　话：总编室（8620）85221601
　　　　　营销部（8620）85225284　85228291　85228292（邮购）
传　　真：（8620）85221583（办公室）　85223774（营销部）
网　　址：http://www.jnupress.com
排　　版：广州良弓广告有限公司
印　　刷：佛山市浩文彩色印刷有限公司
开　　本：850mm×1168mm　1/32
印　　张：7
字　　数：133 千
版　　次：2018 年 12 月第 1 版
印　　次：2018 年 12 月第 1 次
定　　价：28.00 元

（暨大版图书如有印装质量问题，请与出版社总编室联系调换）

总　序

　　中国是伟大的诗歌国度，诗歌承载着内涵深厚的中国文化。"诗歌中国"的亮相，就是希望用诗来歌咏中国文化的灿烂辉煌。"诗歌中国"不仅要让人们了解诗与文化的关系，而且要让人们通过读诗来感悟中国文化的构成及其品质，体察中国文化的博大精深。可以说，一部中国诗歌史，就是一部中国诗歌文化史。

　　中国诗歌发展史以"诗""骚"为其发端，而又影响后世，并形成诗歌的"风"（《诗经》）、"骚"（《楚辞》）传统。

　　《诗经》展示的是西周初年到春秋中叶的文化画卷。孔子说："不学诗，无以言。"不学习诗，连话都不会说，当然指说出优美动听的话。不仅如此，结合孔子说的另一段话，所谓"言"还应指言辞中有丰富的文化内涵。孔子说："小子何莫学夫《诗》？《诗》，可以兴，可以观，可以群，可以怨。迩之事父，远之事君，多识于鸟兽草木之名。"（《论语·阳货》）这里说的要讲好话，需要认识社会、认识人与人之间的关系、认识客观世界的名物。孔子只是举其大概而言。事父事君和辨识事物之名，就是指文化内容。也可以说，"兴观群怨"是提升人际交往中表达的文化内涵。兴，是联想能力，比如《关雎》，本是要写爱情，却先说鸟的和鸣。《桃夭》是祝贺新婚的歌，"桃之夭夭，灼灼其华。之子于归，宜其室家"。以桃花起兴，这样写的好处，既含蓄婉转，又渲染主题。观，是观察能力。凡事未必能亲力亲为，但通过读诗可以丰富生活知识，如读《生民》就可以了解周始祖后稷及其农耕历史，知道作物之名：菽、禾、麻、麦、瓜、瓞，并知道如何形容其状态：旆旆、穟穟、幪幪、唪唪，这些词的基本意思是茂盛貌，但有细微差别，如果懂得用不同的词去表达相近的内容，那就能言了，于此才能体会孔子所说"不学诗，无以言"的真正含义。《硕人》对人物的描写，生动传神，"手如柔荑，肤如凝脂，领如蝤蛴，齿如瓠犀，螓首蛾眉，巧笑倩兮，美目盼兮"。一连串的比喻，写出美人的形貌神采。群，是合群能力，指在群体中适当表述，以达到和谐。读《诗经》的人每每惊叹于其"群"的能力。合群能力事实上是在平衡各种关系，其中最重要的是人际关系。《诗经》中对夫妻关系多有描写，如《伯兮》，讲女主人与其丈夫以及与君王的关系。"伯兮朅兮，邦之桀兮。伯也执殳，为王前驱。自伯之东，首如飞蓬，岂无膏沐？谁适为容！"伯，为女主人的丈夫，丈夫英武，为邦国杰出人才。丈夫拿着武器，听从君王的命令奔赴前线。在我、伯、王三者关系中，符合各自身份。在三者关系中又突出了"我"在丈夫离家后，甘心思伯而生首疾。"为王前驱"是夫妻分别的原因，这是女子以自豪的口吻来说的，表扬丈夫因为是邦中之杰而能为王前驱，从中也透出骄傲。怨，是批评能力。"怨"是讽刺，可以解释为批评技巧。《诗经》里怨诗不少，但因比喻而显得含蓄，其中《硕鼠》极具代表性。"硕鼠硕鼠，无食我黍！三岁贯女，莫我肯顾。逝将去女，适彼乐土。乐土乐土，爰得我所?"一般认为这是一首批判当政者的诗，《毛诗序》曰："国人刺其君重敛，蚕食于民，不修其政，贪而畏人，若大鼠也。"朱熹《诗序辨说》曰："此亦托于硕鼠以刺其有司之词，未必直以硕鼠比其君也。"朱熹的话比较可信。从诗的字面上看到的只是痛斥硕鼠破坏庄稼，所谓刺君或刺有司是字面以外的意思。这正符合"温柔敦厚"的诗教。

因为孔子诗学的逻辑起点是"不学诗，无以言"，学诗是"言"的需要而不是写诗的需要。所以说，理解"兴观群怨"之说，应该从"言"出发，掌握了诗的"兴观群怨"的言说技巧，讲话就会用"兴"，先言他物而引起所咏之词；用"观"，观察事物人情，以丰富而准确的语言表述意思；用"群"，在群体中明晰关系，并用恰当的言辞表述，以达到和谐；用"怨"，在批评的话语中以中庸的姿态出现，巧妙运用讽刺的手法，既能批评现实，又含蓄婉转。如达到孔子的要求，学诗以后就可以"言"了：可以"兴"言，可以"观"言，可以"群"言，可以"怨"言。

《楚辞》有鲜明的楚文化特征，宋代黄伯思在《新校楚辞·序》说："盖屈宋诸骚，皆书楚语，作楚声，记楚地，名楚物，故可谓之'楚辞'。"《楚辞》中屈宋诸人之作，都有明显的楚文化特征，其中涉及的神话故事、历史传说、风尚习俗都打上楚文化的印记。《楚辞》中对文化事项的描写也是多方面的，《天问》一篇对天地、自然、社会、历史、人生等提出 173 个问题。《招魂》中对建筑的描写："高堂邃宇，槛层轩些。层台累榭，临高山些。网户朱缀，刻方连些。冬有突厦，夏室寒些。川谷径复，流潺湲些。光风转蕙，氾崇兰些。"这里涉及了建筑及其环境。

唐诗宋词是中国文化辉煌的表现，也是反映文化的重要形式。唐诗名家辈出，文化内涵丰富。盛唐诗是诗歌发展的鼎盛阶段，李白、杜甫、孟浩然、王维、王昌龄、高适、岑参、李颀等大家名家的诗歌创作，表现了广泛的社会生活内容，形成境界雄阔、含蕴深厚、韵味无穷的"盛唐之音"。"诗仙"李白诗风豪放飘逸，"诗圣"杜甫诗风沉郁顿挫，被誉为唐诗史上的"双子星"。中唐是唐诗的中兴时期，韩愈、孟郊、李贺等人，不仅发展了杜甫诗歌奇崛的一面，还追求诗风的浑厚奇险。白居易、元稹等人则发扬杜甫的现实主义传统，作品反映现实生活内容，诗风通俗易懂。晚唐是唐诗发展的衰落期，但杜牧、李商隐诗歌自成一格，杜牧为晚唐七绝的圣手，李商隐则努力表现内心世界的情感体验，诗风凄艳浑融，具有极高的审美价值。

唐诗题材广泛，风格多样，其中山水田园、边塞题材诗在盛唐蔚为大观，在诗歌创作中追求奇险怪异和通俗易懂两派分立。

以王维、孟浩然为代表的山水田园诗人，继承了陶渊明、谢灵运写作田园山水诗的传统，他们的作品大多是描绘山水田园的自然风光，表现自己闲适隐逸的情趣。以高适、岑参为代表的边塞诗人，大力写作反映边地生活的作品，描写边地战争，表现出对建功立业的热情和对和平生活的渴望；同时也因描写边地风光和异域风情，拓宽了诗歌的表现领域。

中唐出现的奇险诗派和通俗诗派，表现出中唐诗人的开拓精神。以韩愈、孟郊为代表的奇险诗派，又称"韩孟诗派"，这一诗派在诗歌写作上好为奇崛，追求险怪，纠正了大历以来的平庸诗风，以新奇的语言风格和章法技巧来写作，进一步提升了诗的表现功能。以元稹、白居易为代表的通俗诗派，又称"元白诗派"。这一派在诗歌写作上重视写实、崇尚通俗，他们继承了古乐府的精神，自拟新题，缘事而发，在写作中以口语入诗，力求通俗易懂。

词的产生因燕乐繁盛，宋词是与唐诗并称的一代文学之盛。婉约、豪放争奇斗艳。婉约和豪放是就宋词的主要风格而言的，也是大略的划分，因此婉约和豪放也是相对的。所谓婉约是指文辞的柔美简约，作为词的风格，是以阴柔为审美特征的，内容上多写爱情、婚姻和家庭，也涉及羁旅行役、恋土怀乡等。其抒情注重细腻入微、委婉含蓄。而豪放则是指风格豪迈、无所拘束，作为词的风格，是以阳刚为审美特征的，内容上多涉及人生、社会的重大主题，如理想抱负、民族盛衰、国家兴亡和民生疾苦等。其抒情多慷慨激昂、乐观进取。最早提出词分豪放、婉约二体的是明人张綖，他在《诗余图谱》中说："词体大略有二：一体婉约，一体豪放。婉约者欲其词情蕴藉，豪放者欲其气象恢宏。盖亦存乎其人，如秦少游之作，多是婉约；苏子瞻之作，多是豪放。"后人则以此梳理宋词，纳入二体之中，遂有婉约、豪放二派。其实分宋词为二派，过于简单，但优点是能看出宋词的基本发展脉络。

人要诗意地栖居，诗意的核心价值和美丽姿色在文化母体中浸润、孕育、生长。诗的诞生，实缘于生活中诗意的发现。"物之感人"而有"舞咏"矣。钟嵘《诗品·序》云："气之动物，物之感人，故摇荡性情，行诸舞咏。照烛三才，晖丽万有，灵祇待之以致飨，幽微藉之以昭告，动天地，感鬼神，莫近于诗。"这就意味着：具有诗意的外物才能感动人心，因栖居而有诗意，才能写出诗歌，而诗歌又帮助人们生活得更具诗意。可补充一句："非陈诗何以展其义？非长歌何以骋其情。"人要诗意地栖居，构成了人和自然、社会的和谐，形成了诗性的文化生态。

从发生学角度看，"诗言志"的说法值得重新审视。诗首先是叙事。最早的素朴的诗歌已很难寻觅，通常歌谣的开篇是《吴越春秋》中的《弹歌》："断竹，续竹。飞土，逐宍。"宍，古"肉"字。虽然简短，但仍然可以看出其叙事的特征。叙事，是人类认识世界、认识事物最初的表现方式，此处论断可以稍微缓和一点：如抒情，是人类表现、摹写主体内在情感精神的手段。这样比较中和一点，可避免由对比叙事和抒情高下而带来的可能性的争议。当叙事时，人类不断认识客观世界；一旦对客观世界赋予个体情感并去表达时，抒情就出现了，以反映人类试图寻找精神世界与自身环境的沟通。

衡之心理学，儿童对外部世界的认识，应该是从具体认识抽象、从具体认识事物的客观属性再去评价客观事物，而诗歌（歌谣）从叙事到抒情再到言志的过程正和人类认识事物的过程是一致的。

诗的文化阐释，不仅要注意诗的本义，还要注意诗的衍义。在写作方面，必然表现诗本义，即诗的本来意义；在阅读方面，通常又会出现诗衍义，衍义即诗的推演意义。对诗的文化内涵理解的不同往往是诗本义和诗衍义的不同。

诗歌涉及中国文化的方方面面，如地理、交通、礼仪、婚姻、器物、音乐、绘画、书法、建筑、工艺、风俗、天文、宗教等。因此，中国诗歌文化史叙写可以是文化分类的结果。《文苑英华》所收诗歌分天部、地部、帝德、应制、应令、应教、省试、朝省、乐府、音乐、人事、释门、道门、隐逸、寺院、酬和、寄赠、送行、留别、行迈、军旅、悲悼、居处、郊祀、花木、禽兽26类。这一分类也可以视为诗歌中文化事项的呈现。本丛书尚不能包括所有文化类项，只是在文化与诗歌联系的某一方面或角度而立题，目前涉及的有诗与玄学、诗与科举、诗与神话、诗与隐逸、诗与山水田园、诗与民族、诗与文馆、诗与战争、诗与游戏、诗与绘画、诗与书法、诗与锦帛、诗与女性、诗与礼俗、诗与外交、诗与航海、诗与数字，另有诗与饮食、诗与养生、诗与送别尚在构思当中。当然，在选题的扩展中，我们想给读者一个诗与中国文化较为完整的知识体系。

美国学者克罗伯说："文化包括各种外显的和内隐的行为模式。"诗歌只是作为具体的载体而承担着对人类行为的说明，同样也是人类行为的文化观念、思维方式和情感取向得以阐释的文本。文化具有包容性，当诗歌成为其载体的一部分功能时，就会去表达文化意义，在文学、艺术、历史、哲学、宗教、民俗等角度参加文化的建构与创造。也许人们认识事物会追求概念，以形而上学的方式去了解历史、了解社会、了解文化的构成。诗歌虽不指向概念，但以其形象直观，而能了解文化的丰富性、复杂性，更为人们认识中国文化的构成提供活生生的图景。

本套丛书的作者和读者在写作或阅读的过程中或许会融入选择联想，把当下的文化体认、精神生活融入古代诗歌中，实现意义重构和有可能的价值置换。不过，社会的发展，物质文明的进步，并不能以失去传统为代价。相反，文化的母题总是在不断重现与强化，如故土故园、家国情怀、乡村归隐、民俗节庆，这些遥远的歌谣会永远回荡在高楼林立的都市上空。

本丛书旨在面向普通大众及海外华人、中文爱好者传播中国经典文化，践行学者的社会职责，也可以为专业研究人士提供参考。诗歌是中华文化的精髓，也是传统文化表现的载体。以诗歌与文化作为宏观视野，展开具体而微的讨论，形成大视野、大背景下的小范畴、新角度，追求学术性与可读性的合一。提倡深入浅出、明白晓畅、雅俗共赏、文采斐然的写作风格。强调著作要具有作者个性，同时也要考虑读者的需求与接受程度。

中国诗歌讲究"言不尽意""言有尽而意无穷"，也就需要读者有丰富的想象去领悟言辞之外的含义。所谓"言不尽意"并不是说言辞能力拙钝不足以表达情感和意志，也不是说言辞受客观情况的限制而不能畅快地表达思想和感情，而是说言辞有限而意义无穷。事实上，"言不尽意"在作者是有意追求的艺术效果，在读者则享有阅读过程中的想象和发挥。言不尽意的效果宛如一幅画："曲终人不见，江上数峰青。"

戴伟华

2017 年 4 月

前　言

　　梅是中国土生土长的一种花果并重的树木，其历史非常悠久。先秦时期，梅之所以受到重视，主要是因为其果实中含有丰富的酸汁，可以用来调制祭祀用的羹汤。到了汉代，梅花的欣赏价值才开始被人关注。六朝时期，梅花逐渐得到王公贵族及文人的普遍喜爱。至唐代，梅花得到社会各阶层的共同喜好，因此也初步形成了梅雪相映、竹梅相伴和月下赏梅等赏梅模式。宋代是梅文化发展的鼎盛时期，梅花竟然取代牡丹，成为国色天香的"花王"。当时，不仅梅花的新品种不断出现，梅园逐渐增多，而且出现了可以于室内欣赏的梅花盆景。元代以后，虽然梅文化有所衰落，但前人确立的赏梅模式和咏梅体验却早已深深沁入中国文人的骨髓之中，成为中国文化的重要组成部分。

　　诗歌是世界各民族共同拥有的文学体裁。对中国人来说，诗歌的地位十分重要。中国最早的诗歌总集《诗》，或称《诗三百》，在西汉时就成为儒家最重要的经典之一，被称为《诗经》。东汉建安以后，以"三曹""七子"为代表的作家大力创作诗歌，从此诗歌成为中国古代最重要的文学形式。唐宋时期，诗歌不仅获得了空前的繁荣，还成为国家选拔官员的重要标准。元明以后，随着俗文学的兴起和发展，诗歌受到一定的冲击，但其文学主流地位却从来没有动摇过。这是中国诗歌迥异于世界其他民族诗歌之处。

梅与诗之间，本来并没有内在的必然联系，可是在中国文化的孕育下，梅与诗却建立了牢不可破的紧密关系，这是非常独特的。在世界其他民族的诗歌中，都没有咏物诗这样的门类，但在中国的诗歌中，咏物诗却是非常重要的门类。在古代各种题材的咏物诗中，咏梅诗发展得最为充分，其数量甚至超过其他咏物诗数量的总和，可谓一枝独秀。

梅与诗的结缘虽然可以追溯到《诗经·摽有梅》，但咏梅诗的出现却迟至六朝时期。六朝诗人从描写梅花飘零的情景出发，不仅掀起了一个创作"梅花落"的小高潮，而且通过精雕细刻，进一步渲染了梅花本身的美丽。自此，梅花成为后世诗人的重要审美对象。到了唐代，咏梅不再是文人的专利，各阶层官吏和一般士人，甚至僧人、妓女皆参与咏梅创作。与此同时，唐代的咏梅诗不再以乐府诗为主，而是以文人诗为主；不再以刻画梅花形象为主，而是以比拟人物品格为主。宋代形成了咏梅诗创作的高潮，不仅作者、作品众多，而且出现一些专门歌咏古梅，甚至专门歌咏墨梅画的诗歌，在艺术上也发展到"遗貌取神"的境地。此外，一种专门使用他人现成诗句写成的集句咏梅诗也逐步发展起来。

就具体诗人而言，北宋林逋发现了梅的"疏影横斜"之美，实现了梅格与人格的统一；梅尧臣出于"同姓"之缘，非常重视对梅花新品种的介绍；苏轼强调"遗貌取神"，进一步发展了次韵、组诗等创作方式；黄庭坚突出梅花的"淡薄寒瘦"之美，并且开始关注蜡梅和墨梅；南宋陆游主要歌咏成都、绍兴两地之梅，并喜欢记载自己寻梅、观梅与送梅的活动；刘克庄将梅花誉为"花王"，并且用反复叠加的方式创作了《百梅诗》；宋伯仁借鉴墨梅的绘画技法，根据梅花的生长阶段，创作了《梅花喜神谱》100首；方蒙仲现存的咏梅诗多达178首，在宋代以前的诗人中数量最多；元代冯子振的《梅花百咏》不仅全面继承了前人的咏梅模式，而且将"百咏"改造成"百题"；释明本的《和冯子振〈梅花百咏〉》《梅花百咏》两组、明代周履靖的《和冯子振〈梅花百咏〉》则更多呈现出模拟色彩，创新不足；清代张吴曼的《集古梅花诗十九卷》是集句咏梅诗中最杰出的代表。正是由于以这些诗人为代表的历代众多诗人的不懈努力，咏梅诗才能取得其他咏物诗不能望其项背的辉煌。

咏梅诗是在中国特有的文化环境里长成的参天大树。它在不同发展阶段的不同特征，都是中国文化作用的结果。

目　录

第一章　独特的梅文化

　　梅是中国特有的一种蔷薇科果木。其果实称为梅子，可以直接食用，也可以加工后食用；其花即梅花，绽放于冬春之际，香味浓郁，具有突出的观赏价值。作为果木，梅与桃、李、杏比较接近，但是在古代从其被重视的程度来看，是桃、李、杏等远远不能企及的。从先秦时期梅汁成为调羹的佐料，到后来梅花成为高洁人格的象征，梅催生了数量庞大的咏梅文学作品，其中尤以咏梅诗最为发达。这种荣耀，是桃、李、杏等同类植物无法相比的。因此可以说，中国的梅文化不仅丰富，而且非常独特。

第一节　梅子

　　梅在古代受到关注，最初是因其果实，即梅子具有的实用价值。因此，讨论梅文化也应该从梅子开始。

一、盐梅

　　从现存资料看，梅子在先秦时期即受到重视。不过当时的人们并不重视其果肉的食用口感，而是从果实中提取汁液来调制羹汤。《尚书·说命下》记载了商高宗武丁对其丞相傅说所说的几句话："尔惟训于朕志，若作酒醴，尔惟曲蘖；若作和羹，尔惟盐梅。"关于这几句话的意思，西汉经学家孔安国解释说："言汝当教训于我，使我志通达。""酒醴须曲蘖以成，亦言我须汝以成。""盐，咸。梅，醋。羹须咸醋以和之。"如果说这样的解释还不够明白，宋代林之奇在《尚书全解》卷二十中引录范祖禹的说法更加浅易和清晰：

> 酒非曲蘖不成，羹非盐梅不和。人君虽有美质，必得贤人辅导，乃能成德。作酒者曲多则太苦，蘖多则太甘，曲蘖得中然后成酒。作羹者，盐过则咸，梅过则酸，盐梅得中，然后成羹。臣之于君，当以柔济刚，可济否，左右规正成其德，则君志乃和。

对于和羹的制作，梅和盐处于同样的重要地位，必须调配到最佳比例，才能成功。引申到处理国家政务上，则需要调和不同的人才，并将其用在恰当的职位上。武丁之言是对其丞相说的，所以后世常用"盐梅""梅盐""调羹"等词语表达皇帝对宰相的期望或对人才的重视。以唐诗为例，唐明皇李隆基《饯王晙巡边》诗云："舟楫功须著，盐梅望匪疏。"从中可以看出皇帝对王晙的寄望之深。又如韩愈《苦寒》诗云："天子哀无辜，惠我下顾瞻。褰旒去耳纩，调和进梅盐。"这是赞美皇帝对人才的合理使用。在更多的时候，诗人用这样的典故是为了祝福他人将来有个美好的前程。如释贯休《别卢使君归东阳二首》中"终期金鼎调羹日，再近尼山日月光"二句，就是祝愿赠别对象有朝一日能成为一人之下，万人之上的宰相。

二、食梅

相对于"盐梅"，梅子作为一种果实，被直接食用的历史更悠久。只是由于"盐梅"的调羹作用和象征意义，食用梅子的事实在古代文献中反而被遮蔽了。尽管如此，仍有三个常用的成语能反映出古人的食梅风气和食梅时的感受。

其一是"望梅止渴"。《世说新语·假谲》载："魏武行役，失汲道，军皆渴，乃令曰：'前有大梅林，饶子，甘酸，可以解渴。'士卒闻之，口皆出水，乘此得及前源。"在无法及时获取饮用水的关头，曹操欺骗士卒说前面有梅林，可以解渴。士卒信以为真，于是努力向前，终于走到有水源的地方。这个故事不仅反映了古人食用梅子的事实，同时也表明梅子不只是用来充饥，而且可以用来解渴。

其二是"青梅煮酒"。"青梅煮酒"本是古人食梅的常见方式，在宋代文人笔下随处可见。南宋程公许在《黄池度岁赋绝句》中写有"趁取青梅煮酒时"的诗句。除此之外，汪莘《甲寅西归江行春怀》诗中有"并入青梅煮酒时"之句，何梦桂的《满庭芳·初夏》词中有"摘青梅、煮酒初尝"之句。这些诗句足以表明，至少从南宋开始，青梅不仅可食用，而且通常用来暖酒。正是因为有了这样的文化背景，后来才会出现《三国演义》中曹操与刘备"青梅煮酒论英雄"的故事情节。

其三是"食梅苦酸"。刘宋时诗人鲍照在《代东门行》里说："食梅常苦酸，衣葛常苦寒。"梅子虽然可以食用，但由于酸味太重，容易唤起人心中的悲伤之情。鲍照所言，其实只是征人内心的愁苦，并非食梅所致。"食梅常苦酸"不过是借助人们的生活体验，表现征人的感受罢了。受此启发，后人用"食梅"表现内心悲苦的作品比比皆是。如"贫士在重坎，食梅有酸肠"（孟郊《上达奚舍人》）、"食檗不易食梅难，檗能苦兮梅能酸。未如生别之为难，苦在心兮酸在肝"（白居易《生离别》）、"见君说著须酸鼻，何必樽前更食梅"（郑獬《和汪正夫梅》其十六）、"哀音能感人，肠酸非食梅"（梅尧臣《秋雁》）等。在这些作品里，"食梅"只是一种说辞，表现的都是作者内心的悲苦情绪，与是否真正食梅并无关系。

从以上三个成语可以看出，梅子虽然可以食用，可以解渴，但算不上佳果。青梅似乎不宜单独食用，所以要与酒相伴。即使是成熟的黄梅，也因其酸味与人悲伤时内心的感受比较接近，所以"食梅"才会和悲哀的情感建立起联系。

三、弄梅

无论调羹还是食用，都需要梅子长大或成熟之后。那些尚未长大、成熟的青梅，虽然不能食用，却成了游戏的道具。如唐人施肩吾《少妇游春词》云：

> 簇锦攒花斗胜游，万人行处最风流。
> 无端自向春园里，笑摘青梅叫阿侯。

诗中描写了一个争强好胜的少女在游春时摘到了青梅，但这当然不可食用，只能用来玩耍。又如韩偓《中庭》云：

> 夜短睡迟慵早起，日高方始出纱窗。
> 中庭自摘青梅子，先①向钗头戴一双。

诗中女子之所以采摘青梅，竟是为了插在头上作为装饰。宋人强至在《某蒙君章兄宠示樱桃佳篇辄依韵奉和》诗中说："况此鲜嫩质，非并青梅顽。"诗人的意思是说樱桃比较娇嫩，不似青梅可以用来玩耍。这也是对青梅游戏功能的解释。在这方面，最有名的例子是李清照的《点绛唇》一词：

> 蹴罢秋千，起来慵整纤纤手。露浓花瘦，薄汗轻衣透。
> 见有人来，袜刬金钗溜。和羞走，倚门回首，却把青梅嗅。

---

① 先，一作"闲"。

小姑娘刚刚荡了一会儿秋千，觉得有些疲倦，于是转而玩弄起青梅。以至于当有男青年突然而至时，既害羞又好奇的她只好借玩弄手中的青梅，倚在门边向来人偷觑。

正因为青梅被用来玩耍，而玩耍主要是小孩子的事情，所以才有了"青梅竹马"的典故。这个典故出自李白《长干行二首》其一，该诗开头几句云："妾发初覆额，折花门前剧。郎骑竹马来，绕床弄青梅。同居长干里，两小无嫌猜。""青梅竹马"现在主要指男女从少儿时建立起来的纯真感情。

四、梅雨

非常有趣的是，梅子还与气象学建立了深刻的联系，出现了"梅雨"这样的专门术语。究其原因，乃是因为每年梅子黄熟的时节，江南总是阴雨连绵，久而久之，人们就将梅子成熟与阴雨天气联系起来，于是有了"梅雨"的特定称谓。如果梅雨持续时间较长，不便出行，则难免令人心中涌起孤寂之情。如王禹偁在《官舍书怀呈郡守》诗中云："空江梅雨添幽郁，古县槐花锁寂寥。"又如刘敞《梅雨》诗云：

> 无穷云雾湿梅天，终日昏昏只欲眠。
> 髀肉生圆头发白，强寻高处望山川。

在这首诗中，刘敞将自己困于梅雨天气时的无聊和无奈逼真地展现在我们面前。因此，如果在梅雨时节连续遇上几个晴天，就是令人开心的事情。曾几《三衢道中》诗云：

> 梅子黄时日日晴，小溪泛尽却山行。
> 绿阴不减来时路，添得黄鹂四五声。

关于此诗描写的情境，洪亮在《夏木清阴：宋诗随笔》一书中说：

江南初夏，本应是梅雨季节，却天天响晴。作为行人，其欢欣可想而知。一个"泛"字，含有"游"的意思。坐船游够了河溪，又换换口味，上山步行。山里的景致似乎更美，在三四句中写到了。"来时路"表明，诗人在不久前，已循着与这次相反的方向，经过三衢道中（在今浙江衢州）一次。这次是沿原路回去。"绿阴不减来时路"，已顺手把"来时路"的景色点出，也暗示自己虽然走的是旧路，但兴致依然"不减"；非但"不减"，还"添得黄鹂四五声"，景色更美了，兴致更高了。

如果将曾几的诗与刘敞的《梅雨》比较，犹能感受到"梅子黄时日日晴"给曾几带来的喜悦之情。

如果说梅子因为"盐梅""食梅""弄梅"和"梅雨"已在中国文化中留下烙印，那么这种影响跟梅花相比，实在是太微不足道了。

第二节　梅花

关于梅花的最早论载见于汉代。据刘向《说苑·奉使》载："越使诸发执一枝梅遗梁王，梁王之臣曰韩子，顾谓左右曰：'恶有以一枝梅以遗列国之君者乎，请为二三子惭之。'"在韩子看来，越国将一枝梅花作为献给梁王的礼物，这是过于轻薄的行为，实在不像话。刘向是汉代人，即便这里关于古时的记载不尽可信，但至少可以说明"一枝梅"在汉代已经成为具有独立审美价值的物象了。由此以来，梅花所具有的外貌属性逐渐被历代文人发掘出来。

一、品种

关于梅的品种，最早可以追溯到《西京杂记》卷一的记载："初修上林苑，群臣远方各献名果异树……梅七：朱梅、紫华梅、紫花梅、同心梅、丽枝梅、燕梅、猴梅……"上林苑是西汉的皇家园林。从这里提到的七种梅的名称来看，有些是根据果实命名的，有些是根据枝叶命名的，但花已经成了梅命名的依据，如"紫华梅"就是突出的例子。不过，这些品种在后世皆不见流传，也许是因为名称发生了变化。汉代以后，在很长的时间里，梅的品种并不丰富。直到北宋，情况才发生了较大的变化。在北宋诗人中，梅尧臣写到红梅、重台梅，邵雍写到消梅和黄梅，韩维写到千叶梅。这些几乎都是当时出现的新品种。南宋范成大在《范村梅谱》里一共列举了江梅①、早梅、官城梅、消梅、古梅、重叶梅、绿萼梅、百叶缃梅②、红梅、杏梅十种。值得注意的是，在《范村梅谱》里，范成大还详细叙述了红梅在宋代的传播经过：

红梅，粉红色，标格犹是梅，而繁密则如杏，香亦类杏。诗人有"北人全未识，浑作杏花看"之句。与江梅同开，红白相映，园林初春绝景也。梅圣俞诗云："认桃无绿叶，辨杏有青枝。"当时以为著题。东坡诗云："诗老不知梅格在，更看绿叶与青枝。"盖谓其不韵，为红梅解嘲云。承平时，此花独盛于姑苏，晏元献公始移植西冈圃中。一日，贵游略园吏，得一枝分接，由是都下有二本。尝与客饮花下，赋诗云："若更开迟三二月，北人应作杏花看。"客曰："公诗固佳，待北俗何浅也？"晏笑曰："伧父安得不然。"王琪君玉时守吴郡，闻盗花种事，以诗遗公曰："馆娃宫北发精神，粉瘦琼寒露蕊新。园吏无端偷折去，凤城从此有双身。"当时罕得如此。比年展转移接，殆不可胜数矣。世传吴下红梅诗甚多，惟方子通一篇绝唱，有"紫府与丹来换

① 江梅，又名直脚梅，或谓野梅。
② 百叶缃梅，亦名黄香梅，或千叶香梅。

骨，春风吹酒上凝脂"之句。

在宋代之前，世人所谓梅花，基本都是白色的品种。即使到了北宋，红梅仍非常罕见，所以才有了"贵游"盗花之事。在列举了梅的诸多品种后，范成大还附了"蜡梅"的介绍：

蜡梅，本非梅类，以其与梅同时，香又相近，色酷似蜜脾，故名蜡梅。凡三种：以子种出，不经接，花小香淡，其品最下，俗谓之狗蝇梅。经接，花疏，虽盛开，花常半含，名磬口梅，言似僧磬之口也。最先开，色深黄，如紫檀，花密香秾，名檀香梅，此品最佳。蜡梅，香极清芳，殆过梅香，初不以形状贵也，故难题咏。山谷简斋但作五言小诗而已。此花多宿叶，结实如垂铃，尖长寸余；又如大桃奴，子在其中。

蜡梅，亦写作腊梅，为蜡梅科蜡梅属，虽然原本不属于梅所在的蔷薇科，但又经常被人误认为梅，读范成大此文可以释然矣。元、明之后，梅的新品种越来越多。如明代王象晋《群芳谱》将梅分为白梅、红梅、异品三大类，共记载了 19 个品种。到了清代，陈淏子《花镜》中记载梅的品种多达 21 个。

二、飘零

梅花在南朝受到重视，最初主要是由于其飘零时容易唤起人们心中的感伤。笛曲"梅花落"的出现，正是对梅花飘零之美的写照。诗人写梅花，是从拟写"梅花落"开始的。《乐府诗集》总共收录六朝至唐代的拟作 13 首。其中年代最早的是鲍照的作品：

中庭杂树多，偏为梅咨嗟。问君何独然？念其霜中能作花。露中能作实，摇荡春风媚春日。念尔零落逐寒风，徒有霜花无霜质。

诗人之所以"偏为梅咨嗟"，就是因为梅花在寒风中飘零的景象实在凄凉，令他产生了"徒有霜花无霜质"的感叹。排在其后的是吴均的作品：

隆冬十二月，寒风西北吹。

独有梅花落，飘荡不依枝。

流连逐霜彩，散漫下冰澌。

何当与春日，共映芙蓉池。

离开枝头的花瓣，在寒风中四处飘荡，或者跟寒霜凝结在一起，或者落入冰水之中，这是多么悲凉的情形。再看徐陵的作品：

对户一株梅，新花落故栽。

燕拾还莲井，风吹上镜台。

娼家怨思妾，楼上独徘徊。

啼看竹叶锦，簪罢未能裁。

除了拟写梅花花瓣在风中飘零的不幸，此诗更突出了倡女看到梅花飘落时内心的感伤。当然，由于"梅花落"只是乐府古题，诗人拟写时有较大的自由，所以并非所有的作品都摹写梅花的飘落情状，也并非所有的作品都写得悲悲切切。如江总的作品：

腊月正月早惊春，众花未发梅花新。

可怜芬芳临玉台，朝攀晚折还复开。

长安少年多轻薄，两两常唱梅花落。

满酌金卮催玉柱，落梅树下宜歌舞。

金谷万株连绮罬，梅花密处藏娇莺。

桃李佳人欲相照，摘叶牵花来并笑。

杨柳条青楼上轻，梅花色白雪中明。

横笛短箫凄复切，谁知柏梁声不绝。

在这首诗中，落梅仅仅成了外界的自然景色，诗人真正表现的是"长安少年"在梅树下唱歌、跳舞的风流生活。

《乐府诗集》收录的《梅花落》主要是六朝时期的作品，属于唐代的仅有卢照邻、沈佺期和刘方平的三首。这三首诗的新颖之处在于都不约而同地表达了夫妻相思之情。如卢照邻的作品：

> 梅岭花初发，天山雪未开。
> 处①处疑花满，花边似雪回。
> 因风入舞袖，杂粉向妆台。
> 匈奴几万里，春至不知来。

梅岭的妻子因梅花似雪而想起远在天山的征人，而天山的征人又因雪似梅花而思念梅岭的妻子。此景此情，让读者如何能不感动。

在早期的咏梅诗中，"梅花落"可谓一枝独秀。这种现象揭示这样一个现实：对于六朝诗人来说，梅花算不上美丽，之所以受到关注，在很大程度上是由于梅花飘零的凄凉景象容易唤起时人心中的悲伤情绪，同时也跟汉代以来中国人以悲为美的审美取向有一定的关系。

三、清香

清香是梅花的突出特征。早在六朝时期，梅香就已经受到普遍的关注。在《乐府诗集》收录的 13 首《梅花落》中，表现梅

---

① 处，一作"雪"。

香的就有"迎风香气来"（陈后主）、"只言花是雪①，不悟有香来"（苏子卿）、"落远香风急"（张正见）、"缥色动风香"（江总）、"可怜香气歇"（江总）、"香迎小岁杯"（沈佺期）等六处。在萧纲的《梅花赋》中，也有"香随风而远度"之句。隋代侯夫人有《看梅二首》，其二云：

> 香清寒艳好，谁惜是天真。
>
> 玉梅谢后阳和至，散与群芳自在春。

此诗写看梅，却从"香清"开始写起，可见对诗人来说，梅香已经成了赏梅的重要内容了。又如唐代杨炯的《梅花落》：

> 窗外一株梅，寒花五出开。
>
> 影随朝日远，香逐便风来。
>
> 泣对铜钩障，愁看玉镜台。
>
> 行人断消息，春恨几徘徊。

在这里的"影随朝日远，香逐便风来"一联中，诗人将树影与香气并举，几乎可以看出宋代林逋《山园小梅》（其一）中"疏影横斜水清浅，暗香浮动月黄昏"的一些关联了。

---

① 是，一作"似"。

梅香受到重视，跟它在果木中与众不同的特征有关。宋代陆佃《埤雅》卷十三在解释"梅"的时候说：

梅一名柟，杏类也。其实酢，子赤者材坚，子白者材脆。华在果子华中尤香。俗云："梅华优于香，桃华优于色。"故天下之美，有不得而兼者多矣。若荔枝无好华，牡丹无美实，亦其类也。

"华"即"花"，说"梅华优于香"。这虽只是宋人的俗语，但在一定程度上可以揭示梅花一直为世人所喜爱的原因。

四、傲寒

由于梅花绽放的时间在冬春之际，正是一年中最寒冷的季节，通常伴有霜雪天气，所以梅花先天就带有傲寒、傲雪的特性。而雪中的梅花，尤其令人珍惜，如何逊的《咏早梅》：

兔园标物序，惊时最是梅。

衔霜当路发，映雪拟寒开。

枝横却月观，花绕凌风台。

朝洒长门泣，夕驻临邛杯。

应知早飘落，故逐上春来。

"衔霜""映雪"两句，不仅写出梅花的季节特色，还刻画了梅花不同寻常的傲岸之气。又如萧纲的《雪里觅梅花诗》：

> 绝讶梅花晚，争来雪里窥。
> 下枝低可见，高处远难知。
> 俱羞惜腕露，相让道腰嬴。
> 定须还剪彩，学作两三技。

后世所艳称的"踏雪寻梅"的情境，在萧纲的这首诗里已经出现，即使没有雪，梅花的傲寒之性也可通过不畏风霜得到表现。如柳宗元的《早梅》：

> 早梅发高树，迥映楚天碧。
> 朔吹飘夜香，繁霜滋晓白。
> 欲为万里赠，杳杳山水隔。
> 寒英坐销落，何用慰远客。

"朔吹"飘来的是梅花的"夜香"，而"繁霜"却将梅花滋润得更加洁白。在柳宗元笔下，梅花岂止是不畏风霜，简直将风霜看作自己生存的根基。

由此看来，梅花绽放于冬春之际，顶风冒雪，并非是其不幸，而是其大幸！不然，以其并不出众的花色，侧身于万紫千红的阳春之中，很难得到人们的垂青。故南宋刘辰翁在《梅轩记》中这样说：

　　吾尝谓梅者，使其生于暄淑之景，而立乎桃李之蹊，虽翛然欲以其洁独，而争妍者有其色，好嬺者无其人焉。是其独也，时也。好之者亦时也，若二三月之间，则莫之好矣。

傲雪红梅

五、迎春

英国诗人雪莱在《西风颂》里说："冬天到了，春天还会远吗？"梅花在冬日盛开，其时距春日已近，所以很早便被赋予了迎春的职能。《太平御览》卷十九引《荆州记》中记载："陆凯与范晔为友，在江南，寄梅花一枝诣长安与晔，并赠诗云：'折梅逢驿使，寄与陇头人。江南无所有，聊赠一枝春。'"陆凯（198—269）生活于三国时期，范晔（398—445）生活于南朝刘宋时期，二人的生活年代相差甚远，他们是不可能"为友"的。当然，也有另一种可能，此处的"陆凯"，并非三国时的吴人"陆凯"，而是刘宋时期一位不知名的同名者。在《日本宫内厅书陵部藏宋元版汉籍选刊》所录《太平御览》的文本中，其人作"路凯"。《荆州记》是刘宋时期的盛弘之所著，至少表明梅花在当时已经可以看作春天的一部分了。又如萧纲《春日看梅花诗》云：

> 昨日看梅树，新花已自生。
> 今旦闻春鸟，何啻两三声。
> 冻解池开渌，云穿天半晴。
> 游心不应动，为此欲逢迎。

鸟是"春鸟"，"梅树"的"新花"自然也是春花，那"冻解池开渌"也是初春的景象，由此可以看出，萧纲此诗中的梅花已经具有了迎春的特色了。谢燮在《早梅》一诗里，则直接点出了梅花迎春的属性：

迎春故早发，独自不疑寒。

畏落众花后，无人别意看。

到了初唐太宗皇帝李世民的诗歌里，梅花迎春的属性得到进一步肯定。其《于太原召侍臣赐宴守岁》云：

四时运灰管，一夕变冬春。

送寒余雪尽，迎岁早梅新。

其他如"草秀故春色，梅艳昔年妆"（《元日》）、"初风飘带柳，晚①雪间花梅"（《首春》）、"萦雪临春岸，参差间早梅"（《春池柳》）也都具有类似的含义。

从品种的多样，到落花的飘零，清香的独特，傲寒的个性，再到迎春的时令，梅花的自然属性在诗人的笔下得到多方面的展示。

---

① 晚，一作晓。

第三节　梅的人格化

经过六朝到隋唐，梅花的自然属性在诗人的笔下已经得到多方面的展示。到了宋代，梅则被赋予了人格化的魅力。如果说将佳花比作美人是前人的老套，将梅花比作美人突出的也只是外在的容色，同样看不出多少新意，但宋人将梅拟为家人、清客与友人，侧重其内在品质，将其人格化。

一、家人

将梅拟为家庭成员，最初是宋人对花木世界的认识。如黄庭坚"山矾是弟梅是兄"（《王充道送水仙花五十枝欣然会心为之作咏》），说梅和山矾是水仙的兄弟，这是对水仙的赞美。其他如陈傅良的"色香殊不让梅兄"（《和宗易赋素馨茉莉白莲韵》）和陈棣"檀心端不羡梅兄"（《白菊》），都是用梅花来衬托不同的花木之美。在这些诗句中，梅被看作不同花木之"兄"，尚与人类社会有着明显的隔阂。然而随着梅花在宋代地位的迅速提升，梅逐渐被视为人们的家人了，最著名的是北宋钱塘隐士林逋，人称"梅妻鹤子"。清人吴之振《宋诗钞·林逋和靖诗钞》前小传云：

　　林逋字君复，杭之钱塘人。少孤力学，刻志不仕，结庐西湖

孤山。真宗闻其名，赐粟帛，诏长吏岁时劳问。临终诗有"茂陵
他日求遗稿，犹喜曾无封禅书"，时人高其志识，赐谥和靖先生。
逋不娶无子，所居多植梅畜鹤。泛舟湖中，客至则放鹤致之，因
谓"梅妻鹤子"云。

　　林逋是北宋著名的隐士，其"不娶""植梅畜鹤"的事迹见
于宋人的多种记载，只是当时似乎尚无"梅妻鹤子"的说法。虽
然如此，林逋以梅、鹤相伴，对其具有家人般的感情也是很自然
的事情。到了南宋，有些人则直接将梅看作自己的兄弟了。如邓
深《留别赵徽猷》：

<blockquote>
自客湖州市，时登韫美堂。
云烟看挥染，风月共平章。
酒子常同醉，梅兄已再香。
遽为今日别，欲乞旧诗囊。
</blockquote>

　　关于"酒子"，苏轼《酒子赋并引》之小引云："南方酿酒，
未大熟，取其膏液，谓之酒子。"邓深以"酒子"与"梅兄"对
举，则"梅兄"无疑即是梅。所谓"梅兄已再香"也就是梅花已
经开了两次，说明过了两年的时间了。邓深直接将梅称为"梅
兄"，说明他对梅的感情非常深切。当然，也有称梅为弟的，如
刘辰翁《金缕曲·寿朱氏老人七十三岁》下片的前几句云："新

来画得耆英似，似灞桥、风雪吟肩，水仙梅弟。"这里的"梅弟"，即以梅为弟，是以之称赞朱氏老人的风骨高洁。

将梅看作家人，意味着梅不再是单纯的野生或人工栽植的观赏植物，而是被赋予了更多的人格魅力和道德属性。

二、清客

相对于家人的称谓，宋人更倾向于将梅看作客人。清客，可以说是他们对梅的一种固定的称谓。北宋的张景修有"十二客"之说。《读书纪数略》卷五十四载"张景修十二客"为："梅花，清客；牡丹，贵客；芍药，近客；荼䕷，雅客；瑞香，佳客；蔷薇，野客；桂花，仙客；荷花，静客；茉莉，远客；兰花，幽客；菊花，寿客；丁香，素客。"在这十二客中，梅花排在最前面，称为清客。姚宽《西溪丛语》卷上载：

> 昔张敏叔有《十客图》，忘其名。予长兄伯声尝得三十客：牡丹为贵客，梅为清客，兰为幽客，桃为妖客，杏为艳客，莲为溪客，木犀为岩客，海棠为蜀客，踯躅为山客，梨为淡客，瑞香为闺客，菊为寿客，木芙蓉为醉客，荼䕷为才客，腊梅为寒客，琼花为仙客，素馨为韵客，丁香为情客，葵为忠客，含笑为佞客，杨花为狂客，玫瑰为刺客，月季为痴客，木槿为时客，安石榴为村客，鼓子花为田客，棣棠为俗客，曼陀罗为恶客，孤灯为穷客，棠梨为鬼客。

在张景修"十二客"的基础上，姚宽之兄增加为"三十客"，梅仍称为清客。其后，在史浩的《鄮峰真隐漫录》卷四十六中有一组《大曲·花舞》，所写内容为"十一客"：牡丹是贵客，瑞香是嘉客，丁香是素客，春兰是幽客，蔷薇是野客，荼蘼是雅客，荷花是净客，秋香是仙客，菊花是寿客，梅花是清客，芍药是近客。每"客"下各附两首诗。如其中关于梅花的两首，前一首为：

　　　　花是寒梅先节候，调羹须待青如豆。
　　　　为于雪底倍精神，清客之名从此有。

后一首为：

　　　　清客之名从此有，多谢风流，飞驭陪尊酒。
　　　　持此一卮同劝后，愿花长在人长寿。

虽然有"十二客""三十客"和"十一客"之不同，但其中都有梅花，且都称之为"清客"，可知这个称谓已经在宋人那里固定下来了。

此外，有些文人在自己的诗词作品里，也称梅为"清客"。如郑清之在其诗《安晚轩竹》里写道："梅为清客志相同。"又如徐元杰的《满江红·以梅花柬铅山宰》：

似玉仙人，三载相见，西湖清客。撷不碎，一团和气，只伊消得。雪里水中霜态度，腊前冬后春消息。看帘垂、清昼一张琴，中间著。　　寒谷里，轻回脚。魁手段，堪描摸。唤东风吹上，兰台芸阁。只怕傅岩香不断，摩挲商鼎羹频作。管一番滋味一番新，今如昨。

这首咏梅词，不但将梅比作"玉仙人"，而且直接称之为"西湖清客"。

如果说将梅视为家人突出的是其可以亲近的一面，那么将梅视为清客则突出了梅花品格的高洁。

三、友人

以梅为友，也是宋人将梅人格化的突出表现。北宋韦骧《和孙叔康探梅二十八韵（次韵）》中有"重疑仙界种，复过岁寒交"之句。称梅为"岁寒交"，是现存文献中最早将梅比作友人的记载。南宋初年的曾慥有"十友"之说，《读书纪数略》卷五十四"曾端伯十友"条载："荼蘼，韵友；茉莉，雅友；瑞香，殊友；荷花，净友；岩桂，仙友；海棠，名友；芍药，艳友；梅花，清友；菊花，佳友；栀子，禅友。"曾端伯即曾慥（？—1155），著名笔记小说《类说》的编撰者。他称梅花为"清友"，可能是受到时人普遍将梅花视为"清客"的风气影响。此外又有"雪中四友"的说法，包括玉梅、蜡梅、水仙和山茶。

将梅称为"清友"也好，或与另外几种花木合称"雪中四友"也好，都突出其不畏严寒、风清骨峻的一面，但对后人来说，其中最著名的称谓莫过于"岁寒三友"了。这在南宋初年的辞赋、诗、词中皆有反映。周之翰的《燕梅花文》是这样介绍梅的身世："生自罗浮，派分庾岭。形若樆木，棱棱山泽之臞；肤如凝脂，凛凛冰霜之操。春魁占百花头上，岁寒居三友图中。"在诗中，有张元幹的《岁寒三友图》：

> 苍官森古鬣，此君挺刚节。
> 中有调鼎姿，独立傲霜雪。

诗中"苍官"指松，"此君"指竹，而具有"调鼎姿"且"傲霜雪"的梅花占了一半的篇幅，无疑是"三友"中的主角。此外，曾协《再次沈韵》也是咏梅诗，其中有"松篁有约成三友"之句。如果说以上赋、诗已经明确提到了《岁寒三友图》，李曾伯的词《满江红·招云岩、朔斋于雷园，二公用前雪韵赋梅》也描写了相同的内容：

> 万紫千红，都不似、玉奴一白。三数萼、有冰霜操，无脂粉色。长共竹君松友伴，岂容蝶使蜂媒入。似惠和、伊任与夷清，兼三德。　　能洁己，能娱客。成子后，调羹役。更岁寒风味，时然后出。春浅吹回羌管寸，夜阑吟费花笺尺。炯使星、两两月

黄昏,真诗伯。

此词写梅,不仅突出了压倒"万紫千红"的一面,而且称其"有冰霜操",又"长共竹君松友伴",这显然是对"岁寒三友"的艺术阐释。

从上面介绍可以看出,到南宋初年,"岁寒三友"已经是一个为大家普遍接受的说法了。关于这一点,程杰《"岁寒三友"缘起考》一文说:"松、竹、梅为'岁寒三友'是宋代开始流行的一个说法,体现了人们对松、竹、梅三种植物尤其是梅花审美品格的赞美。"

此外,将梅看作隐士、君子的情况也很常见。从南宋开始,梅与松、竹、兰一起构成了"四君子"。而且,将梅看作隐士的情况也很多。无论是将梅视为家人、清客和友人,还是比作隐士、君子,突出的都是其内在的品质,属于比德文化的一部分。

梅是中国特有的一种植物,相对其果实——梅子具有食用价值和游戏意义,梅花更具重要意义。梅花不仅以其外在的自然之美让历代文人自发地对其加以吟咏,而且被赋予多方面的人格特征,使得梅在各种同类花木中独树一帜。

第二章　梅与诗的情缘（上）

梅是中国常见的果木，不仅因其果实可以食用，而且因其花绽放季节之独特，逐渐衍生出外在的审美价值。宋代以后，梅被进一步人格化，成为"岁寒三友"和"四君子"之一。诗是用语言进行创作的艺术，是中国古代最重要的文学体裁，不仅作品数量极大，而且对其他文学体裁影响较大。中国文化被称为"诗性文化"，最能反映出诗对文化的影响。因此，梅与诗的结缘，不仅深化了梅文化的内涵，促进了梅文化的发展，而且丰富了诗歌的题材内容和表现手法，对诗歌繁荣产生了积极的推动作用。

第一节　《摽有梅》——梅与诗的结缘

梅与诗的结缘，最早可以追溯到中国第一部诗歌总集——《诗经》。该集中共有五首诗写到了"梅"，但所指的对象并不一致。仅有《摽有梅》一诗中的"梅"可以确定就是后世普遍认可的"梅"。

一、《摽有梅》

谈到梅与诗的关系，《诗经·召南》中有一首重要的诗歌——《摽有梅》。这是一首关于男女婚恋的诗歌，由三章组成。全诗为：

> 摽有梅，其实七兮。
> 求我庶士，迨其吉兮。
>
> 摽有梅，其实三兮。
> 求我庶士，迨其今兮。
>
> 摽有梅，顷筐墍之。
> 求我庶士，迨其谓之。

此诗的意思并不难理解，可是汉儒却将其解释为对男女及时婚嫁的赞美。《诗小序》云："《摽有梅》，男女及时也。召南之国，被文王之化，男女得以及时也。"按照这样的理解，此诗赞美的是周文王时期天下大治，男女皆能按时结婚。从此以后，这种解释成了人们对此诗的主流认识。至南宋大儒朱熹作《诗集传》，才对此诗有了新的解释："南国被文王之化，女子知以贞信自守，惧其嫁不及时，而有强暴之辱也。故言梅落而在树者少，以见时过而太晚矣。求我之众士，其必有及此吉日而来者乎？"

朱子虽然表面承袭了汉唐以来儒家的传统解释，但将前人赞美"文王之化"，悄悄转换成女子的"惧其嫁不及时"，其变化是很明显的。今人则在朱熹的基础上，普遍将其解释成少女怀春的情歌。赵浩如在其所著《诗经选译》一书中对此诗是这样翻译的：

> 梅子纷纷落地，树上还剩十之七。
> 有心的男儿追求我吧，现在到了良辰吉日。
>
> 梅子纷纷落地，树上还剩十之三。
> 有心的男儿追求我吧，最好就在今天。
>
> 梅子纷纷落地，用筐儿把它们装起。
> 有心的男儿追求我吧，不要婚礼，马上我就跟了你。

客观地说，这样的理解应该更加接近该诗的原意。

从以上分析可以看出，虽然古今学者对《摽有梅》的理解差别较大，但有一点是谁也不能否认的：该诗三章皆写到梅子，但梅子显然并不是该诗所要表现的主要内容，它仅仅起到了引发下文的作用。在"摽有梅，其实七兮"之后，《毛传》曰："兴也。摽，落也。盛极则堕落者，梅也。尚在树者七。"对于"兴"的含义，朱熹《诗集传》在《周南·关雎》第一章后的解释最为通达："兴者，先言他物以引起所咏之词也。"《摽有梅》写梅子纷纷落地，不但起到起兴的作用，同时兼有"比"的色彩。其实

《郑笺》早就注意到这一点："兴者，梅实尚余七未落，喻始衰也。谓女二十，春盛而不嫁，至夏则衰。"在《毛传》的基础上，《郑笺》进一步指出"梅实尚余七未落"与"春盛而不嫁"之间存在着"喻"，即比喻的关系。也就是说，"梅"在这里主要起到"比兴"的作用。少女渴望嫁人的心情越来越强烈，可是这种心情毕竟是抽象的。诗人借树上的梅子越落越少的景象，不仅形象地反映出时间的变化，而且把少女的心理活动表现得更加细腻。

（清）徐鼎《毛诗名物图说》插图

二、《诗经》中其他含义不同的"梅"

除了《摽有梅》,《诗经》中还有四首诗写到了"梅",但其内涵各不相同。如《秦风·终南》第一章：

> 终南何有？有条有梅。
> 君子至止，锦衣狐裘。
> 颜如渥丹，其君也哉？

对于这里的"梅",《毛传》解释为楠木,"梅,枏也"。这里的"枏",指的是楠木,跟今天所说的梅并无关系。同样的情况还见于《陈风·墓门》第二章：

> 墓门有梅，有鸮萃止。
> 夫也不良，歌以讯之。
> 讯予不顾，颠倒思予。

在解释这个"梅"时,《毛传》亦云："梅,枏也。"既然这两处"梅"都指楠木,即一种高大的乔木,遂都跟《摽有梅》中的"梅"毫无关系。又如《小雅·四月》第四章：

山有嘉卉，侯栗侯梅。

废为残贼，莫知其尤。

此诗将"梅"与"栗"并举，则这里的"梅"亦当指能结果实的树木。东汉大儒郑玄曾云："山有美善之草，生于梅栗之下，人取其实，蹂践而害之，令不得蕃茂。喻上多赋敛，富人财尽，而弱民与受困穷。"郑玄之意，似乎将此诗中之"梅"理解成《摽有梅》中的"梅"了。对此，宋人李龙高并不赞同，其《郑笺》诗云：

老郑东都一钜儒，未知枏树与梅殊。

平生博识犹如此，何况儿曹不读书。

不过，李龙高对郑玄的批评并不准确。郑玄并非不知道作为楠木的"梅"与《摽有梅》中的"梅"之间的区别，他的不足在于没有认识到这样一点：且不说此处的"梅"指的是能结果实的树木，而《摽有梅》中的"梅"指的是树上的果实，即便同样从果实的角度看，《小雅·四月》之"梅"与《摽有梅》之"梅"可能亦非一物。明代毛晋在《陆氏诗疏广要》卷上之下云：

《尔雅》凡三释梅，俱非吴下佳品：一云梅枏，盖交让木也。一云时英梅，盖雀梅，似梅而小者也。一云枕檖梅，盖枕树状如梅子似小柰者也。铁脚道人和雪咽之、寒香沁入肺腑者，乃是《摽有梅》之梅。《尔雅》独未有释文，真一欠事。

　　毛晋实际上将先秦时期的"梅"分成四种，其一即不见于《尔雅》一书的《摽有梅》之"梅"。对此，三国时期的陆玑早就有具体的解释，其《毛诗草木鸟兽虫鱼疏》卷上"摽有梅"条云："梅，杏类也，树及叶皆如杏而黑耳。曝干为腊，置羹臛齑中。又可含以香口。"对于《尔雅》所解释的三种"梅"，程杰在《中国梅花审美文化研究》一书中这样说：

　　《尔雅·释木》三处提到梅：一处指楠；一处指楝（或唐棣）；第三处即所谓"机"，据古人解释实为山楂一类的果实。

　　据此不难发现，《小雅·四月》之"梅"所指虽是果实，但到底是唐棣还是山楂，很难判断。郑玄将其与《摽有梅》之"梅"看作一物，似缺少根据。

　　与《小雅·四月》第四章情况类似的还有《曹风·鸤鸠》第二章中的"梅"。为便于分析，现将全诗引出：

　　　　　鸤鸠在桑，其子七兮。
　　　　　淑人君子，其仪一兮。
　　　　　其仪一兮，心如结兮。

鸤鸠在桑，其子在梅。

淑人君子，其带伊丝。

其带伊丝，其弁伊骐。

鸤鸠在桑，其子在棘。

淑人君子，其仪不忒。

其仪不忒，正是四国。

鸤鸠在桑，其子在榛。

淑人君子，正是国人。

正是国人，胡不万年。

　　这首诗总共提到了四种树木，即桑、梅、棘、榛。撇开梅，其余三种树木有一个共同的特点，即都能生长可以食用的果实，即桑葚、酸枣和榛子。据此推断，此诗中的"梅"当指长有果实的树木，但这同样不足以将其与《摽有梅》中的"梅"视为一物。

　　从以上分析可以看出，《诗经》中总共有五首诗写到"梅"，但所指内涵并不一致。《秦风·终南》《陈风·墓门》中的"梅"皆是楠木，跟本书的研究对象没有关系；《小雅·四月》《曹风·鸤鸠》中的"梅"虽然皆指长有果实的树木，但可能是唐棣树或山楂树，也不能确定为本书的研究对象。只有《摽有梅》中的

"梅"，才跟本书的研究对象有一定的关联。

三、梅与诗正式结缘

从《摽有梅》开始，梅与诗正式结缘了。不过，此诗中的"梅"指的是果实——梅子，并非梅花。受其影响，后人也经常在诗中写到梅子。以唐宋诗为例，即有"南京西浦道，四月熟黄梅"（杜甫《梅雨》）、"北风吹雨黄梅落，西日过湖青草深"（徐夤《岳州端午日送人游郴连》）、"园梅熟，家醅香"（韩翃《张山人草堂会王方士》）、"五月黄梅熟，江边昼雨初"（刘敞《五月二首》其一）、"南州苦卑湿，梅熟复何如"（许景衡《晚晴》）、"梅子黄时日日晴，小溪泛尽却山行"（曾几《三衢道中》）、"窗间梅熟落蒂，墙下笋成出林"（范成大《喜晴二首》其二）等很多的例子。这些作品中的梅子，或者属于景物描写，或者表明季节特征，但都不是诗人所要表达的主要内容。在这些作品中，"梅"的作用与《摽有梅》中"梅"的作用比较接近。

更值得注意的是，唐代开始出现了一些以写梅子为主的诗歌。如罗隐的《梅》①：

天赐胭脂一抹腮，盘中磊落笛中哀。

虽然未得和羹便，曾与将军止渴来。

───────────

① 《梅》，一作"《梅子》"，一作"《红梅》"。

　　不论此诗的标题是"红梅"还是"梅子"，整首诗无疑是以梅子为吟咏对象的。前两句写梅从未成熟时带着一抹红腮的青梅成长为盘中的时新佳果。后两句借用典故，表现出梅子的调羹功用和食用价值。此诗在宋代陈景沂《全芳备祖集后集》中被收入"果部"，也能说明这一点。又如北宋郭祥正的《邀敦复小酌为别》：

> 三年同赏梅，梅花烂晴雪。
> 一日言北归，梅黄雨初歇。
> 谁将金弹丸，缀在绿枝上？
> 结实胜开花，邀君更同赏。
> 食梅齿牙软，衔杯奈离忧。
> 过江桃李熟，回首忆梅不？

　　此诗虽然写到梅花，但郭祥正认为"结实胜开花"，即认为梅子比梅花更加重要。倪敦复将要北归，正赶上梅熟的季节，于是郭祥正邀请他一起欣赏梅子挂满枝头的景象，然后一起食梅。在分手的时候，郭祥正不禁想到：等到江北桃李成熟的时候，倪敦复还会记起今天赏梅、食梅的事情吗？有些诗人则专注于表现食梅的感受。如南宋赵汝腾的《食梅》：

> 儿时摘青梅，叶底寻弹丸。
> 所恨襟袖窄，不惮频舌穿。

我年不自觉，以我齿尚完。

尝新试一荐，喉棘眉先攒。

岂味不悦口？岂老难强餐？

人生煎百忧，算梅未为酸。

此诗从少年贪吃青梅写起，写到老年虽然牙齿完好，但梅子刚一入口已感喉涩难下，眉头紧皱。在诗歌的最后，赵汝腾发出这样的感叹：人的一生会经历许多艰难困苦，梅子之酸又算得什么呢？这样专写梅子的作品数量虽然不多，但它们的存在本身就足以表明梅子与诗歌的缘分在《摽有梅》之后不但一直未断，而且有不断增强的趋势。

从宋代开始，梅的枝条也受到特别的关注。其中最著名的当然数北宋林逋《山园小梅》中的"疏影横斜"之句。到了南宋，有的咏梅诗甚至专咏梅的枝干。这里举赵时焕的《梅》为例：

梅龙阅世今几春，皮毛剥破生苍鳞。

通身苔藓云气湿，恰如初蜕离海滨。

蜿蜒恍惚露半腹，花光补之难貌真。

只恐天上行雨去，呼吸风雷惊世人。

此诗将梅的枝干比喻成能够行雨的苍龙，其形貌奇特，即便是花光和尚、杨补之这些著名的墨梅画家，也难以描摹其真实。

梅与诗的结缘始于《摽有梅》中的梅子，而且后世诗人也不断将梅子写进自己的诗歌中，甚至还出现了一些以表现梅子为主的作品。相比之下，梅花进入诗歌的时间迟至魏晋时期，但这类作品发展很快。从六朝到隋唐，其数量不断增加。宋代以后，随着梅的"人格化"，咏梅诗迅速走向繁荣。在这样的文化背景下，"咏梅"也就逐渐固定在以吟咏梅花为主的创作上来。

第二节　念尔零落逐寒风
——咏梅诗的出现和早期风貌

在《诗经》中已与诗歌结缘的梅，到了六朝，开始成为诗歌吟咏的主题，于是中国诗歌中的一个新类别——咏梅诗出现了。

一、咏梅诗的产生和早期发展

六朝时期，梅开始以花的形象出现在诗歌中。如陶渊明《蜡日》诗云："梅柳夹门植，一条有佳花。"这里的一条"佳花"，自然指开着鲜花的梅枝。到了刘宋时期，专门的咏梅诗出现了。虽然陆凯的《赠范晔》存在不少疑问，但范晔一直生活到刘宋时期，其诗歌创作最迟可以确定在这个时期。其次是鲍照的乐府诗《梅花落》，反映出咏梅诗产生时期的典型特点。南齐、南梁以至南陈，咏梅诗的数量逐渐增加。据逯钦立《先秦汉魏晋南北朝诗》中、下二册统计，共有谢朓的《咏落梅诗》、萧衍的《子夜四时歌·春歌四首》（其二）、何逊的《咏早梅诗》等25首。

按照逯钦立的分类标准，刘宋至南陈的 27 首作品可以分为乐府诗和文人诗两类。其中乐府诗 11 首，除了 10 首为《梅花落》，仅有的例外是萧衍《子夜四时歌·春歌四首》（其二）：

> 兰叶始满地，梅花已落枝。
>
> 持此可怜意，摘以寄心知。

这首诗虽然在首句提到了"兰叶"，但主要表现对象是梅花，后面两句所说的"可怜意"和"寄心知"，都是针对梅花而言。跟乐府诗相比，属于文人诗类别的咏梅诗数量更多，有 16 首。就其总体情形看，咏梅诗的发展大体呈现出从乐府诗向文人诗演进的轨迹，这与建安以来中国诗歌发展的基本趋势是一致的。

虽然六朝的咏梅诗可以分为乐府诗和文人诗两类，但两类作品在内容上却又惊人的一致，共同反映出当时人们对于梅的矛盾情绪——既喜早梅，复伤零落。在 27 首咏梅诗里，标题中指出"早梅"的有何逊《咏早梅诗》和谢燮《早梅诗》两首。在何逊的诗中有"故逐上春来"之句，"上春"是正月，可知其所谓"早梅"是春天开花的梅；谢燮的诗中有"迎春故早发"之句，既曰"迎春"，当在春前，可知其所谓"早梅"是冬天开花的梅。据此推断，六朝人所说的"早梅"应该是指开花时间较早的梅，

至于是冬日开花还是春日开花，则是另一个问题了。如萧绎的
《咏梅》：

> 梅含今春树，还临先日池。
> 人怀前岁忆，花发故年枝。

既云"今春树"，复言"故年枝"，则二者实一。池边的梅树
还是去年的树，但新年过后，也可以说是今年的树了。此诗不仅
写到梅花在年前含苞，而且写到梅花在年后开放，题目中虽无
"早梅"字样，所写之梅也具有"早梅"的特点。类似的作品还
有萧纲《春日看梅花诗》、庾肩吾《同萧左丞咏摘梅花诗》、王筠
《和孔中丞雪里梅花诗》、陈后主《梅花落二首》（其一）、侯夫
人《春日看梅二首》（其一）等多首。这里再举最后一首：

> 砌雪无消日，卷帘时自矍。
> 庭梅对我有怜意，先露枝头一点春。

侯夫人笔下"先露枝头一点春"的自然也是早梅了。早梅开
放得早，自然也就凋零得早。六朝人虽然喜爱早梅，却又因其飘
落而感伤。除了那些《梅花落》大多表现这样的情绪外，有些文
人诗也具有同样的特点。如鲍泉的《咏梅花诗》：

> 可怜阶下梅，飘荡逐风回。
> 度帘拂罗幌，萦窗落梳台。
> 乍随织手去，还因插鬓来。
> 客心屡看此，愁眉敛讵开。

此诗题目中虽然没有"梅花落"或"落梅"字样，但全诗紧紧扣住梅花飘落的情态，而最后归结到客子的"愁眉"上。与此相近的还有谢朓的《咏落梅诗》一首。

咏梅诗产生于刘宋时期，其后作品逐渐增多。六朝咏梅诗从乐府诗向文人诗的演进过程，与中国诗歌发展的大势是一致的。从现存的27首六朝咏梅诗来看，当时人对早梅表现出明显的偏爱，同时又为梅花的飘落而伤感。

二、梅花受到格外重视

在六朝的27首咏梅诗中，有一个现象很值得关注，那就是梅花受到了格外的重视。梅与诗结缘，最初是因其果实梅子。可是在六朝的咏梅诗中，没有一首专咏梅子的作品。提到梅子的也仅有两首，其一是鲍照的《梅花落》，其中提到"露中能作实"，这"实"无疑指的是梅子。其二即张正见的《梅花落》：

> 芳树映雪野，发早觉寒侵。
> 落远香风急，飞多花逐深。

> 周人叹初摽，魏帝指前林。
>
> 边城少灌木，折此自悲吟。

虽然诗中有两句写到梅子，即"周人叹初摽"（用《诗经·摽有梅》的典故），及"魏帝指前林"（用"望梅止渴"的典故），但全诗却是一首咏花诗。最值得注意的是张正见的《赋得梅林轻雨应教诗》：

> 梅树耿长虹，芳林散轻雨。
>
> 蜀郡随仙去，阳台带云聚。
>
> 飘花更濯枝，润石还侵柱。
>
> 讵得零陵燕，随风时共舞。

既称"梅林"，在后人看来似乎应该由果实累累的成片梅树构成，可是此诗中的梅树却"耿长虹"，"梅林"也是"芳林"，可见所写都是梅花，而不是梅子。此诗以"梅林轻雨"为题，既写梅花，又写轻雨，却没有一句提到梅子。

在梅子不被重视的同时，梅花却受到了格外的重视。从现存的 27 首六朝咏梅诗来看，所咏对象都是梅花，没有一首例外。诗歌中梅花一枝独秀的现象，不仅反映出六朝咏梅诗的鲜明特点，而且对后世也产生了极其深远的影响。

梅花受到诗人的特别重视，主要原因在其具有观赏价值。从六朝的咏梅诗看，白雪已经成了梅花的重要陪衬，雪中赏梅逐渐成为富有意趣的活动。在何逊《咏早梅诗》中，已有梅花"映雪拟寒开"的写照。从萧纲的《雪里觅梅花诗》看，"踏雪寻梅"的文人雅事已经出现。庾信《梅花诗》也是写"踏雪寻梅"：

> 常①年腊月半，已觉梅花阑。
>
> 不信今春晚，俱来雪里看。
>
> 树动悬冰落，枝高出手寒。
>
> 早知觅不见，真悔着衣单。

踏雪寻梅，梅花却未开，只能见到雪中的梅树，以致诗人为自己的举动而生悔意。除了这两首诗，写雪中梅花的还有两首，如阴铿的《雪里梅花》：

> 春近寒虽转，梅舒雪尚飘。
>
> 从风还共落，照日不俱销。
>
> 叶开随足影，花多助重条。
>
> 今来渐异昨，向晚判胜朝。

一面是梅花飘落，一面是雪花纷飞。它们虽然在风中一样起

---

① 常，一作"当"。

落，但当雪花融化之后，梅花依旧。在梅树长出新叶后，树影也成了一种美；繁多的花朵衬托出梅树的枝条繁复，更是美不胜收。王筠《和孔中丞雪里梅花诗》也是以雪中梅花作为吟咏对象的。

值得注意的是，从六朝的咏梅诗看，折梅赠人在当时似乎已经成为一种风尚。陆凯《赠范晔》中的"江南无所有，聊赠一枝春"，是诗中关于折梅赠人的最早记载。此后，这方面的诗句越来越多，如"亲劳君玉指，摘以赠南威"（谢朓《咏落梅》）、"持此可怜意，摘以寄心知"（萧衍《春歌》）、"欲持塞上蕊，试立将军前"（陈后主《梅花落二首》）等。这里举庾肩吾的《同萧左丞咏摘梅花诗》为例：

> 窗梅朝始发，庭雪晚初消。
> 折花牵短树，攀丛入细条。
> 垂冰溜玉手，含刺胃春腰。
> 远道终难寄，馨香徒自饶。

以上这些诗人所写的"摘梅花"，不仅是为了欣赏，而主要是为了赠人。此外，仅言"折梅"而不及"赠人"的尚有"乍随织手去，还因插鬓来"（鲍泉《咏梅花》）、"边城少灌木，折此自悲吟"（张正见《梅花落》）、"妖姬坠马髻，未插江南珰"[江总《梅花落二首》（其一）]、"可怜芬芳临玉台，朝攀晚折还复开"（江总《梅花落》）等。

梅花受到六朝诗人的重视，主要在于其外在的形色之美。"踏雪寻梅"之所以成为时尚，是因为白雪不仅能够衬托梅花的美丽，而且能体现梅花的内在精神。六朝诗人多次写到折梅或折梅赠人，也是出于对梅花外在美和内在美的体认。

三、以体物为主

作为早期的咏梅诗，六朝出现的 27 首作品在艺术上也呈现出自己的特色。具体说来，主要表现为体物和比拟并重。

六朝不仅是咏梅诗产生和发展的早期阶段，也是中国咏物诗在艺术上从注重外在形似到重视内在品格的过渡阶段。六朝诗人写作咏梅诗时，非常重视对其外在形象的刻画。如王筠的《和孔中丞雪里梅花诗》：

　　　　水泉犹未动，庭树已先知。

　　　　翻光同雪舞，落素混冰池。

　　　　今春竞时发，犹是昔年枝。

　　　　唯有长憔悴，对镜不能窥。

诗中第一联写梅树，水泉尚处于冰封的状态，梅树就已经开花了；第二联直接摹写梅花在风中飘舞和沉落在池水中的状态；第三联写枝条，今年开花的枝条，原是去年长出的，从而引出对时间流逝的感慨；第四联写诗人因岁月流逝而带来的感伤。其中前三联分写梅树、梅花和梅枝，都是对梅外在形象的刻画，只有第四联是诗人赏梅时的感受。与此类似的还有江总的《梅花落二首》（其二）：

> 胡地少春来，三年惊落梅。
> 偏疑粉蝶散，乍似雪花开。
> 可怜香气歇，可惜风相摧。
> 金铙且莫韵，玉笛幸徘徊。

此诗第一联点出所咏对象——胡地的梅花凋落了；第二联承接第一联，写梅花飘落时似蝴蝶、似雪花的情景；第三联专写梅花的香味；第四联借用笛曲"梅花落"，表现出诗人的惋惜和留恋。与上一首诗相同，此诗的重点也是刻画梅花的外在形象。这样的作品较多，何逊的《咏早梅诗》、吴均的《梅花落》、萧纲的《春日看梅花诗》、庾肩吾的《同萧左丞咏摘梅花诗》、阴铿的《雪里梅花诗》、陈后主的《梅花落二首》（其一）等皆如此。

虽然注重外在刻画在六朝咏梅诗创作中占有非常重要的地位，但对其内在品质的比拟也开始受到重视。先看谢朓的《咏落梅》：

> 新叶初冉冉，初蕊新菲菲。

逢君后园燕，相随巧笑归。

亲劳君玉指，摘以赠南威。

用持插云髻，翡翠比光辉。

日暮长零落，君恩不可追。

　　此诗一共五联，但刻画梅花外在形态的只有第一联。第二联至第四联写皇帝在后园举行宴会，看到梅花开放就折一枝带回宫中，亲手插在所爱美人的发髻上。最后一联则绾合梅花和美人的共同命运，感叹荣华不长，君恩难追。这里的梅花不仅具有美丽的形态，而且被赋予了细腻的情思，已然成为难以主宰个人命运的宫中女子的写照。又如苏子卿的《梅花落》：

中庭一树梅，寒多叶未开。

只言花是雪，不悟有香来。

上郡春恒晚，高楼年易催。

织书偏有意，教逐锦文回。

　　如果说诗的前四句分别写梅的花色和香味，后四句则主要写楼上美人的迟暮之感和相思之情。在这首诗中，梅花的飘零和思妇的相思之间也建立了比拟关系。此类诗中最值得注意的是吴均的《梅花》：

梅性本轻荡，世人相陵贱。

故作负霜花，欲使绮罗见。

但愿深相知，千摧非所恋。

　　此诗先说梅的本性"轻荡"，所以无法得到世人的重视。它之所以要在寒冷的风霜中开花，就是为了吸引那些富贵之人的注意。之后过渡到人身上，说为了能够得到真正相爱的人，哪怕粉身碎骨也在所不惜。如果说前四句里的梅花已经脱离了其外在的形态，而赋予人的思想和感情，或者说被拟人化了，则最后两句便将梅与人合而为一，表达了对真爱的强烈渴望。

　　当然，在六朝的咏梅诗中，比拟手法虽已经出现，但使用的次数较少，远远不能与体物的手法相比。

　　总之，六朝是咏梅诗发展的早期。在这个阶段中，咏梅诗不仅已经出现，而且有二十多首作品。这些作品均以梅花为表现对象，充分显示出梅花在咏梅诗中的重要地位。就表现手法看，六朝的咏梅诗虽然以刻画外在形态为主，但比拟手法的运用已开始受到重视。

第三节　白雪梅花处处吹
——咏梅诗在唐代走向民间

咏梅诗虽然在六朝产生并有一定的发展，但其作者圈非常狭窄。从身份可考的作者看，都属于皇室、贵族或他们周围的上流文人，没有例外。比较而言，唐代（包括五代，下同）的咏梅诗不仅数量大大增加，而且作者的身份非常复杂。白居易《杨柳枝词八首》其一云："《六么》《水调》家家唱，《白雪》《梅花》处处吹。"这里的《白雪》《梅花》本指古代的乐曲，但用"《白雪》《梅花》处处吹"来概括唐代咏梅诗的发展状况也是非常恰当的。

一、咏梅诗走向民间

相对于六朝，唐代咏梅诗最明显的发展表现为作品数量的增加。在唐人的诗歌中，梅成了常见的意象，梅子、梅花等都在诗歌中经常出现。以诗人李白为例，他没有专门的咏梅诗，但他的诗歌中多次出现与梅有关的意象。笔者统计，至少有"羌笛横吹阿嫕回，向月楼中吹落梅"（《司马将军歌》）、"郎骑竹马来，绕床弄青梅"[《长干行二首》其一]、"寒雪梅中尽，春风柳上归"[《宫中行乐词八首》其七]等17处。不仅李白如此，其他很多诗人也是如此。在这样的文学环境中，咏梅诗发展的速度也加快了。据统计，《全唐诗》收录的咏梅诗有107首，《全唐诗补编》又补充七首，两者相加，共114首。这个数字是六朝咏梅诗数量的四倍多。

从唐代咏梅诗看，野梅已经成为重要的吟咏对象。唐人将梅花分为官梅、庭梅和野梅三类。范成大在《范村梅谱》里说："唐人所谓官梅，止谓在官府园圃中……"也就是说，种植在官府园圃中的梅，不论什么品种，都可称作官梅。唐代咏官梅的诗以杜甫《和裴迪登蜀州东亭送客逢早梅相忆见寄》最著名：

> 东阁官梅动诗兴，还如何逊在扬州①。
>
> 此时对雪遥相忆，送客逢春②可③自由。
>
> 幸不折来伤岁暮，若为看去乱乡④愁。
>
> 江边一树垂垂发，朝夕催人自白头。

东亭的官梅唤起了杜甫的诗兴，于是将对朋友的回忆，对家乡的思念，都寄寓其中。那一树"垂垂发"的梅花，把诗人的头发也催白了。其他如张谓《官舍早梅》所写的对象也是官梅。

---

① 梁建安王伟都督扬，南徐三州，辟何逊为记室，逊有《早梅诗》。

② 春，一作"花"。

③ 可，一作"更"。

④ 乡，一作"春"。

　　庭梅是私家庭院里种植的梅花。其诗作如孙逖《和常州崔使君咏后庭梅二首》（其一）：

　　　　　　　闻唱梅花落，江南春意深。
　　　　　　　更传千里外，来入越人吟。
　　　　　　　弱干红妆倚，繁香翠羽寻。
　　　　　　　庭中自公日，歌舞向芳阴。

　　诗人想象，当梅花开放的时候，常州崔使君公务之暇，就在梅树下载歌载舞，乐在其中。张九龄的《庭梅咏》、刘禹锡的《咏庭梅寄人》①、白居易的《新栽梅》等所咏对象也都是庭梅。

　　野梅则是野生的无主梅花。其诗作如王建《塞上梅》：

　　　　　　　天山路傍一株②梅，年年花发黄云下。
　　　　　　　昭君已殁汉使回，前后征人惟系马。
　　　　　　　日夜风吹满陇头，还随陇水东西流。
　　　　　　　此花若近长安路，九衢年少无攀处。

　　天山路旁的这株梅花，不仅无主，而且无人赏爱，甚至沦落

----

　　① 《咏庭梅寄人》，一作"《庭梅咏寄人》"。
　　② 株，一作"枝"。

到只能给征人系马的地步。这里虽是写梅，但其中寄寓了浓重的怀才不遇之情。唐代咏野梅的诗歌数量较多，如羊士谔《东渡早梅一树，岁华如雪，酬赏成咏》、李群玉的《山驿梅花》、皮日休的《行次野梅》、陆龟蒙的《奉和袭美行次野梅次韵》、罗邺的《梅花》、齐己的《早梅》等都属此类。相对于官梅和庭梅，野梅最富民间色彩。对野梅的重视，是唐代咏梅诗走向民间的突出表现。

官梅、庭梅与野梅之间的区别，不仅仅在于生长地点的不同和有主无主的差异，而且在于其中寄寓着诗人不同的情感。就野梅而言，六朝诗人并不在意，而宋代以后的诗人却认为其比官梅、庭梅更加重要。对于这个变化，唐代咏梅诗具有至关重要的意义。

从唐代咏梅诗的作者看，同样具有走向民间的色彩。如果说唐代的皇帝、权贵和上流文人仍继续写作咏梅诗，可以看作是对六朝的继承，而更多的中、下层官员和平民参与写作，则具有更加积极的意义。如杜甫有《和裴迪登蜀州东亭送客逢早梅相忆见寄》和《江梅》两首，李商隐有《忆梅》《十一月中旬至扶风界见梅花》和《酬崔八早梅有赠兼示之作》三首咏梅诗。不过，最富有民间色彩的作品是妓女和僧人写出的咏梅诗。薛涛是中唐时的名妓，其《酬辛员外折花见遗》云：

> 青鸟东飞正落梅，衔花满口下瑶台。
> 一枝为授殷勤意，把向风前旋旋开。

　　辛员外赠了一枝梅，薛涛非常高兴，不停地在手中把玩。齐己是晚唐时的诗僧，其《早梅》云：

　　　　万木冻欲折，孤根暖独回。
　　　　前村深雪里，昨夜一枝开。
　　　　风递幽香去①，禽窥素艳来。
　　　　明年如②应律，先发映春台。

　　齐己此诗名气很大，主要原因在于"昨夜一枝开"一句非常传神地体现出"早梅"的特征。除了齐己，还有一位佚名的僧人也写过一首《古梅》：

　　　　火虐风饕水渍根，霜皴雪皱古苔痕。
　　　　东风未肯随寒暑，又蘖清香与返魂。

　　此诗中所写之梅，不仅不惧怕极其恶劣的生活环境，而且由于经历了太多的风雨，树皮已经开裂，甚至长出了青苔，可是随着东风的到来，这株古梅依然能够顽强地绽放出美丽的花朵，散发清香。

————————

　　①　去，一作"出"。
　　②　如，一作"犹"。

以上三首诗的作者或为妓女或为僧人，从特定的角度显示出唐代咏梅诗走向民间的特色。

唐代咏梅诗不仅数量较多，其作者也逐渐扩大到民间，这都体现了唐代咏梅诗走向民间的特征。

二、形成了几种赏梅模式

随着人们对梅的热情越来越高，梅的种植越来越普遍，唐人对梅花的欣赏也逐渐形成了几种模式。归纳起来，主要有以下三种：

1. 梅雪相映

雪中寻梅，六朝时期已经成为文人的雅事，仅流传下来的咏梅诗就有萧纲的《雪里觅梅花诗》、王筠的《和孔中丞雪里梅花诗》、阴铿的《雪里梅花诗》等三首。及至唐代，这样的咏梅诗不仅更多，而且梅与雪之间的关系也更加密切。如韩愈的《春雪间①早梅》：

> 梅将雪共春，彩艳不相因。
>
> 逐吹②能争密，排枝巧妒新。
>
> 谁令香满座，独使净无尘。

---

① 间，一作"映"。
② 吹，读去声。

芳意饶呈瑞，寒光助照人。

玲珑开已遍，点缀坐来频。

那是俱疑似，须知两逼真。

荧煌初乱眼，浩荡忽迷神。

未许琼华比，从将玉树亲。

先期迎献岁，更伴占兹晨。

愿得长辉映，轻微敢自珍。

从题目看，梅应该是表现的中心，可是从诗的实际内容看，梅与雪几乎是平行关系，根本看不出梅比雪更加重要。诗中的"伴"字也许最能反映梅与雪之间的关系。元稹的《赋得春雪映早梅》在写法上也与此相似。在其他人的咏梅诗中，如"早梅初向雪中明"（和凝《宫词百首》）、"冻白雪为伴，寒香风是媒"（韩偓《早玩雪梅有怀亲属》）、"雪英相倚两三枝"（王周《大石岭驿梅花》）、"素彩风前艳，韶光雪后催"（郑述诚《华林园早梅》）等，也都是借雪来衬托梅花的。

2. 竹梅相伴

在六朝的咏梅诗中，尚没有出现竹的身影（徐陵的《梅花落》中有"啼看竹叶锦"之句，但所指并非竹子）。可是到了唐代，竹子跟梅的关系越来越密切，其中最典型的是刘言史的《竹里梅》：

竹里①梅花相并枝，梅花正发竹枝垂。

风吹总向竹枝上，直似王家雪下时。

这里的竹与梅也是一种相互依存的关系。竹与梅不仅长在一起，互相映衬，而且当微风将梅花的花瓣纷纷吹向竹枝的时候，更是别有一番韵味。在其他人的咏梅诗中，也经常可以看到竹子，如"寒塘数树梅，常近腊前开。雪映缘岩竹，香侵泛水苔"（李德裕《忆寒梅》），"高树临溪艳，低枝隔竹繁"（韦蟾《梅》）等，都把竹与梅的关系写得非常亲近。之后，除了梅、竹之外，松也出现了。如朱庆余的《早梅》：

天然根性异，万物尽难陪。

自古承春早，严冬斗雪开。

艳寒宜雨露，香冷隔尘埃。

堪把依松竹，良途一处栽。

此诗不仅赞美了梅花"严冬斗雪开"的品性，作者更想将其移植在松、竹旁边，以便让这几种美好的植物相得益彰。这首诗最早将梅与松、竹联系在一起，有意无意之间对后世"岁寒三友"的出现产生了积极影响。

3. 月下赏梅。

咏梅诗虽然在六朝发展起来，但由于当时人们的赏梅活动都

---

① 里，一作"与"。

是在白天进行，故尚未与月发生联系。可是，唐代的咏梅诗中却大量写到月，如崔道融的《梅》：

> 溪上寒梅初满枝，夜来霜月透芳菲。
> 清光寂寞思无尽，应待琴尊与解围。

诗人看到的梅花，是月光下的梅花。因为担心梅花在月光下会觉得寂寞，故打算弹琴、饮酒来为它解闷。又如皮日休的《行次野梅》：

> 笋拂萝梢一树梅，玉妃无侣独妆回。
> 好临王母瑶池发，合傍萧家粉水开。
> 共月已为迷眼伴，与春先作断肠媒。
> 不堪便向多情道，万片霜华雨损来。

"共月"一句不仅写出月下梅花之美，而且写出梅花与月光交相辉映，令人眼花缭乱的情景。在其他作者的咏梅诗中，表现月下梅花的诗句尚有"委素飘香照新月"（李绅《早梅桥》）、"玉鳞寂寂飞斜月，素艳亭亭对①夕阳"（李群玉《人日梅花病中作》）、"晓觉霜添白，寒迷月借开"（温庭皓《梅》）、"风怜薄媚留香与，月会深情借艳开"（陆龟蒙《奉和袭美行次野梅次

---

① 对，一作"带"。

韵》)、"冻香飘处宜春早，素艳开时混月明"（罗邺《早梅》）、
"画角弄江城，鸣珂月中堕"（唐彦谦《梅》）、"龙笛远吹胡地
月，燕钗初试汉宫妆"（韩偓《梅花》）、"清芳一夜月通白"（崔
道融《对早梅寄友人二首》）、"无奈梅花何，满岩光似雪……欲
见惆怅心，又看花上月"（李涉《山中五无奈何》）等多处。这
些诗句足以表明，月下赏梅在唐代已是极为平常的文人活动了。

（清）石涛《梅竹图》

无论是梅雪相映、竹梅相伴还是月下赏梅都可以看作唐代发展起来的赏梅模式。这些模式的形成，不仅推动了唐代咏梅诗的发展，而且对宋代以后咏梅诗的高度繁荣也产生了极其深远的影响。

三、唐代咏梅诗的新变

相对于唐代之前的作品，唐代咏梅诗还体现出以下几个值得重视的新变特征。

1. 乐府诗让位于文人诗

在唐代的咏梅诗中，仍然有一些乐府诗，但流传下来的仅有卢照邻、杨炯、刘方平三人的《梅花落》和张祜的《春莺啭》，即使加上宋之问的《花落》①，总共也只有五首，仅为唐代咏梅诗总数（114首）的4%，所占比例非常低。与此同时，大量的文人诗不断涌现，如张九龄的《和王司马折梅寄京邑昆弟》和《庭梅咏》、李峤的《梅》、张说的《正朝摘梅》、王适的《江滨梅》、卢僎的《十月梅花书赠》、孙逖的《和常州崔使君咏后庭梅二首》等109首，接近总数的96%。可以说，正是由于乐府诗让位于文人诗，才给咏梅诗打开了一个广阔的天地。

2. 体物逐渐被比兴取代

在唐代咏梅诗中，虽然仍不乏以体物方式完成的作品，但比

---

① 宋之问的《花落》，一作"沈佺期《梅花落》"。

兴手法所占的比例越来越高。有时，甚至整首诗都是采用比兴手
法写成的，如前文提到杜甫的《和裴迪登蜀州东亭送客逢早梅相
忆见寄》和王建的《塞上梅》都是这样的作品。又如张九龄的
《庭梅咏》：

> 芳意何能早，孤荣亦自危。
>
> 更怜花蒂弱，不受岁寒移。
>
> 朝雪那相妒，阴风已屡吹。
>
> 馨香虽尚尔，飘荡复谁知！

根据顾建国《张九龄年谱》，此诗作于开元二十四年（736）
张九龄罢相之后。张九龄先因为谏阻玄宗废太子李瑛被玄宗疏
远，之后又因贬斥李林甫的亲信而受到玄宗警示，后来，张九龄
又为严挺之开脱。玄宗对其积怨太多，遂罢其相。顾建国解释这
首诗时说："罢相后，九龄有《庭梅咏》诗，流露其'孤危'
'飘荡'之预感。"又据戴伟华的《张九龄"为土著姓"发微》
一文，张九龄是岭南人，出身卑微，早年进士及第，但遭遇颇多
挫折，后来凭借与张说通谱才解决了身份和地域的困扰。考虑到
这些因素，张九龄《庭梅咏》中的庭梅，其实可以看作是他自己
一生经历和悲苦心情的写照。岑参的《江行遇梅花之作》也是
如此：

江畔梅花白如雪，使我思乡肠欲断。

摘得一枝在手中，无人远向金闺说。

愿得青鸟衔此花，西飞直送到我家。

胡姬正在临窗下，独织留黄浅碧纱。

此鸟衔花胡姬前，胡姬见花知我怜。

千说万说由不得，一夜抱花空馆眠。

此诗中的梅花，关于形象的仅有"白如雪"一句。在其余的内容中，作者都是借梅花写男女相思，比兴的特征极其突出。

3. 出现了次韵唱和的新现象

在六朝咏梅诗中，已经出现了一首唱和诗，即王筠的《和孔中丞雪里梅花诗》：

水泉犹未动，庭树已先知。

翻光同雪舞，落素混冰池。

今春竞时发，犹是昔年枝。

唯有长憔悴，对镜不能窥。

"孔中丞"即孔奂。由于孔奂的原诗已经失传，所以无法比较两诗之间的关系。到了唐代，这样的作品也有所增加，如张九龄的《和王司马折梅寄京邑昆弟》、孙逖的《和常州崔使君咏后庭梅二首》、杜甫的《和裴迪登蜀州东亭送客逢早梅相忆见寄》、白居易的《和薛秀才寻梅花同饮见赠》、李商隐的《酬崔八早梅有赠兼示之作》等。相较而言，唐代更有新意的地方在于出现了次韵唱和的情况。在皮日休的《行次野梅》之后，陆龟蒙写了一首《奉和袭美行次野梅次韵》：

> 飞棹参差拂早梅，强欺寒色尚低徊。
> 风怜薄媚留香与，月会深情借艳开。
> 梁殿得非萧帝瑞，齐宫应是玉儿媒。
> 不知谢客离肠醒，临水应①添万恨来。

在唐代的咏梅诗中，这首诗是最早标明"次韵"的作品。在五代时期的南唐，还出现过一次次韵创作的热潮。先是徐铉在史馆看到三十年前的小梅树已经半枯，想到当时的同僚只有他和太子太傅汤悦二人尚在，于是作《史馆庭梅见其毫末历载三十今已半枯尝僚诸公唯相公与弦在耳睹物兴感率成短篇谨书献上伏惟垂览》五言律诗一首献给汤，诗云：

> 东观婆娑树，曾怜甲坼时。
> 繁英共攀折，芳岁几推移。
> 往事皆陈迹，清香亦暗衰。

---

① 应，一作"刚"。

相看宜自喜，双鬓合垂丝。

汤得诗后，作《鼎臣学士侍郎以东馆庭梅昔翰苑之毫末今复半枯向时同僚零落都尽素发垂领兹唯二人感旧伤怀发于吟咏惠然好我不能无言辄次来韵攀和》相答。接到汤悦的和诗后，徐铉又作《太傅相公深感庭梅再成绝唱曲垂借示倍认知怜谨用旧韵攀和》给汤，汤又作《再次前韵代梅答》，不仅回复徐铉，而且将自己的两诗赠给徐铉之弟徐锴。徐锴以《太傅相公以东观庭梅西垣旧植昔陪盛赏今独家兄唱和之余俾令攀和辄依本韵伏愧斐然》答复后，汤悦不再次韵，而新作《鼎臣学士侍郎楚金舍人学士以再伤庭梅诗同垂宠和清绝感叹情致俱深因成四十字陈谢》五言律诗一首，同时送给徐铉、徐锴二人，诗云：

人物同迁谢，重成念旧悲。
连华得琼玖，合奏发埙篪。
余桥虽无取，残芳尚获知。
问君何所似，珍重杜秋诗。

徐铉、徐锴得诗后，分别以《太傅相公以庭梅二篇许舍弟同赋再迁藻思曲有虚称谨依韵奉和庶申感谢》和《太傅相公与家兄梅花酬唱许缀末篇再赐新诗俯光拙句谨奉清韵用感钧私伏惟采览》为题，再次次韵相答。这样的创作方式在唐代咏梅诗中最富于创新意义。

梅与诗之间的结缘始于《诗经》的《摽有梅》一诗，但该诗只是写到梅而已，尚且不是以梅为主要对象的咏梅诗。六朝时期，咏梅诗不仅出现并得以发展，而且体现出专咏梅花和重视体物的基本特征。相对于六朝，咏梅诗在唐代获得更大的发展，不仅走向了民间，发展出几种基本的赏梅模式，而且还出现了次韵唱和的新现象。

第三章　梅与诗的情缘（下）

就咏梅诗而言，六朝至唐代仅仅是其发展的早期阶段。咏梅诗走向成熟并实现繁荣，是宋代以后的事情了。北宋时期，咏梅诗不仅在数量上迅速增加，而且对梅的欣赏和赞美也都走进了"遗貌取神"的境界。进入南宋，古梅越来越受到诗人重视，而赏梅活动也高度诗意化了。除了一般意义上的咏梅诗，一种专用集句方式咏梅的诗歌也得以发展起来。

第一节　为见梅花辄入诗——北宋咏梅诗的发展

进入宋代，咏梅诗的数量迅速增加。林逋在《梅花》中写道："吟怀长恨负芳时，为见梅花辄入诗。"这样的诗句也许正好可以解释其中的缘由。就北宋而言，不但零星的咏梅诗大量涌现，各种大小不一的组诗也逐渐发展起来，仅十首为单位的组诗就有邵雍的《同诸友城南张园赏梅十首》、苏轼的《次韵杨公济奉议梅花十首》《再和杨公济梅花十绝》、李之仪的《次韵东坡梅花十绝》、张耒的《梅花十首》、邹浩的《次韵和钱塘诸公赏梅十绝》等六组，而晁说之的《枕上和圆机绝句梅花十有四首》甚至一组多达 14 首。相对于前代，北宋的咏梅诗不仅数量很大，而且在很多方面都呈现出新的特征。

一、提倡梅格，遗貌取神

所谓"梅格"，即是说梅具有不同于其他花木的独特品格。这个概念是由苏轼提出的，其《红梅三首》① 云：

> 怕愁贪睡独开迟，自恐冰容不入时。
> 故作小红桃杏色，尚余孤瘦雪霜姿。
> 寒心未肯随春态，酒晕无端上玉肌。
> 诗老不知梅格在，更看绿叶与青枝。

此诗以《红梅》为题，但只有"小红桃杏色"五个字可以看作对红梅外部特征的描绘，其余诸句都偏重对内在精神的揭示。那么，苏轼为什么要提出"梅格"呢？结合其诗句和自注可以看出，原因在于他对石延年（字曼卿）《红梅》的写法非常不满。石诗全文是这样的：

---

① 苏轼自注：石曼卿有《红梅》："认桃无绿叶，辨杏有青枝。"

梅好唯伤白，今红是绝奇。

认桃无绿叶，辨杏有青枝。

烘笑从人赠，酡颜任笛吹。

未应娇意急，发赤怒春迟。

在石延年的时代，红梅尚属稀罕品种，难得一见，所以他说"绝奇"。从这个意义上说，石延年通过枝叶的不同告诉他人红梅与桃杏的区别，自有其合理性。不仅石延年如此，梅尧臣也是如此，其《红梅》云：

家住寒溪曲，梅先杂暖春。

学妆如小女，聚笑发丹唇。

野杏堪同舍，山樱莫与邻。

休吹江上笛，留伴庾园人。

此诗写红梅，亦专注其外貌的描绘。梅尧臣与石延年是关系很近的诗友，他们通过上面的诗作展现了早期红梅诗的基本特点。跟石延年、梅尧臣相比，苏轼生活的时代迟了40年左右。其时红梅已经较为常见，再在诗中刻画红梅的外在形象就显得俗套了。正是在这样的背景下，苏轼及时提出了"梅格"。"梅格"主要有两个层面的含义：从内容看，突出梅的高洁，同时贬低其他花木的地位；从艺术看，忽略外貌刻画，突出梅花的内在精神，

也就是"遗貌取神"。凭借在文坛上的崇高地位和独特的人格魅
力，苏轼的观念迅速为其他诗人所接受，从而对其后的咏梅诗产
生重要影响。

"梅格"原本就是因红梅而提出的，因此对红梅诗的影响最
为直接。如毛滂的《红梅》云：

> 何处曾临阿母池，浑将绛雪点寒枝。
>
> 东墙羞频逢谁笑，南国酡颜强自持。
>
> 几过风霜仍好色，半呼桃杏听群儿。
>
> 青春独养和羹味，不为黄蜂饱蜜脾。

毛滂虽然也写到红梅的外在形貌，将其比作"绛雪"和古代
美人的笑颜，但写得很朦胧。比较而言，诗人更加突出了梅"几
过风霜仍好色"的本性，并将"桃杏"视作"群儿"。从此以
后，桃、杏再也没有资格与梅"称兄道弟"了。这就是"梅格"
的鲜明写照。

红梅不过是梅的品种之一，因此，苏轼的"梅格"不仅影响
到红梅诗，而且影响到所有的咏梅诗。如蒋堂的《梅》：

> 玉骨绝纤尘，前身清净身。
>
> 无花能伯仲，得雪愈精神。
>
> 冷淡溪桥晓，殷勤江路春。

　　　　寒郊瘦岛外，同气更何人。

　　蒋堂此诗不仅专注于对梅花精神的赞扬，而且借助拟人手法，将其比作孟郊、贾岛这样身遭艰难困苦仍能写出优美诗作的江湖穷士。又如朱服的《梅花》：

　　　　幽香淡淡影疏疏，雪虐风飞亦自如。
　　　　正是花中巢许辈，人间富贵不关渠。

　　此诗主要赞美梅花不畏"雪虐风飞"的高洁品格，而且将其比作古代的巢父、许由那样的隐士。

　　从以上的例子可以看出，自从苏轼提出"梅格"以后，宋代的咏梅诗在内容和艺术上都发生了明显的变化。南宋以后，咏梅诗的数量更加庞大，但就其主体而言，大都表现出对苏轼"梅格"的接受。

二、梅花成为"天香国艳"

　　早在唐代，牡丹因其花朵的雍容艳丽而受到普遍热爱，也成了诗人的最爱。李白在《清平调》中借用汉代赵飞燕的美貌来比拟牡丹的娇美：

一枝红艳露凝香，云雨巫山枉断肠。

借问汉宫谁得似？可怜飞燕倚新妆。

刘禹锡在《赏牡丹》诗中说："唯有牡丹真国色，花开时节动京城。"可是到了宋代，牡丹的地位却逐渐走低，梅花取而代之成了诗人笔下的"天香国艳"。其发展过程大致经历了以下三个阶段：

第一阶段，从"天香"到"国香"。与桃、李、杏、海棠这些鲜艳的花朵相比，梅花拥有一种清雅的香气。出于对梅花的喜爱，北宋的诗人将这种香气称为"天香"。如李覯的《和慎使君出城见梅花》云：

化工呈巧异寻常，镂月裁云费刃芒。

莫怪使君曾立马，染衣浑似有天香。

李覯此诗没有涉及梅花的形态，仅仅关注它的香气——"天香"。又如韩维的《和提刑千叶梅》亦云："层层玉叶黄金蕊，漏泄天香与世人。"这里虽然写到千叶梅的形状，但重点还在于表现其"天香"。到了王安石和苏轼的笔下，"天香"又被提升为"国香"。王安石《与微之同赋梅花得香字三首》云："向人自有无言意，倾国天教抵死香。"在这里，梅花的香气第一次与"倾国"联系在一起，这也许就是"国香"的基本含义。苏轼《再和杨公济梅花十绝》云："凭仗幽人收艾纳，国香和雨入青苔。"至此，梅花就直接被称为"国香"了。如果说"天香"突出的还是梅花的自然属性，"国香"显然带有更多人文色彩。因此，从"天香"到"国香"的变化不是简单的事情，这意味着梅香已经被神圣化了。

第二阶段，梅花成为"第一花"。梅花的花色并不鲜艳，及至红梅、黄香梅、绿萼梅等品种出现以后，这种情况才有所改变。可是梅花的开花时间非常独特，既在前一年百花凋零之后，又在新一年百花开放之前。从一年花木开放的顺序来说，梅花是最早开放的，所以它就成了"第一花"。如李之仪《次韵东坡梅花十绝》云：

　　姑射山前旧卜家，天香真色倚风斜。
　　不须詹卜分高下，要是东皇第一花。

除了对"天香真色"的推崇，李之仪此诗还明确地将梅花称作"第一花"。在张耒的《梅花》诗中，也有这样的句子："北风万木正苍苍，独占新春第一芳。"如果说两诗中的"第一花""第一芳"主要偏向于时间上的意义，到了南宋，它们开始具有了质地上的含义，即最好的花。如葛胜仲《约特进河东相公元枢河南相公游菁山观梅用前韵重赋五绝》云："山村盛事人应说，第一人观第一花。"这里的"第一花"，与"第一人"，即与第一名相对，显然已经不是指在时间上开得最早了。又如王铚在《次韵梅花》中写道："广寒宫里自无伦，不只尘中第一人。"这里的梅花不只在尘世间的花木中是最美的，甚至像月宫里的嫦娥，在天上的仙女里面也名列第一。

第三阶段，梅花被确立为"花王"。经过以上两个方面的积淀，南宋诗人心中的梅花再也不仅仅是自然界中的一种花木了，而成了"群芳之冠"。如李纲的《梅花二首》其一云："寒梅昨夜泄春光，标格依然压众芳。"有人则干脆直接称梅花为"花王"，如赵伯泌的《梅花》云："绰约冰姿傍短墙，天香应不让花王。"薛季宣的《梅花》云："花实望先进，英华标素王。①"陆游曾将梅花与牡丹放在一起比较，其《梅花绝句十首》其二②云：

> 月中疏影雪中香，只为无言更断肠。
> 曾与诗翁定花品，一丘一壑过姚黄。

"姚黄"是著名的牡丹品种，代表牡丹；"一丘一壑"是梅花的典型生长环境，代指梅花。由此不难看出，陆游明确地表达出梅花胜于牡丹的观点。而刘克庄甚至因欧阳修曾作《洛阳牡丹记》而不重视梅花，心生怨恨，其《梅花一首》云："平生恨欧

---

① 薛季宣自注："仙家号梅为花王。"
② 陆游自注："曾文清公尝问予，梅与牡丹孰胜，予以此答。"

九，极口说姚黄。"至此，梅花已经变得非常神圣，其他花木也因此丧失了与其比肩的资格和机会。

三、吟咏墨梅成为时尚

诗人对梅花的推崇和吟咏也吸引画家更多地将梅作为自己的创作对象。鉴于梅花在诗人笔下已经成了高雅绝尘的"国香""第一花"甚至"花王"，那些常见的丹青已不足以表现其神采，于是在北宋后期出现了用水墨描绘梅花的绘画——墨梅。当时著名的墨梅画家主要有花光和尚和杨补之二人。花光和尚，亦称华光、仲仁、仁老、妙高等，晚年曾为衢州花光寺长老。花光的墨梅很多，但未见可信的作品传世。杨补之的名气不及花光，但有作品传世，如故宫博物院所藏《四梅图》是杨补之的墨梅作品。墨梅的发展，反过来又诱发了一种咏梅诗——墨梅诗的发展。如释祖可的《墨梅》云：

> 不向江南冰雪底，乃于毫末发春妍。
> 一枝无语淡相对，疑在竹桥烟雨边。

诗中的梅花并非生长在江南的冰雪之中，而是诞生于画家的笔墨之下。看到画中的一枝梅花，诗人的思绪一下子又回到了记忆中的"竹桥烟雨"里。又如谢逸的《墨梅》：

> 毫端直似林逋鬼，千年万年作知己。
>
> 孤山忆有咏残枝，洗尽铅华对寒水。

在谢逸笔下，墨梅因为"洗尽铅华"反而更能体现出梅花的精神。类似的作品还有张嵲的《墨梅四首》：

> 生憎丹粉累幽姿，故着轻煤写瘦枝。
>
> 还似故园江上影，半笼烟月在疏篱。

此诗很好地解释了墨梅流行的原因——"生憎丹粉累幽姿"。画家画墨梅，诗人咏墨梅，其实都可以从这句诗中找到理由。

从北宋到南宋，诸如此类的墨梅诗很多，这里就不再举例了。值得一提的是，姜特立的《李仲永墨梅》对墨梅历史有简单的叙述：

> 写竹如草书，患俗不患清。
>
> 画梅如相马，以骨不以形。
>
> 墨君曩有文夫子，蝉腹蛇蚹具生意。
>
> 当时一派属苏公，雨叶风枝略相似。
>
> 花光道人执天机，信手扫出孤山姿。
>
> 陈玄幻却西子面，此妙俗士那能知。
>
> 近时赏爱杨补之，补之妩媚不足奇。

李生于梅却有得，高处自与前人敌。

倒晕疏花出古心，暝云暗谷藏春色。

我一见之三叹息，意足不暇形模索。

君若欲求之点画，胡不去看江头千树白？

姜特立此诗虽为李仲永的墨梅而发，却没有过多地评价其画作，而是认真考察了墨梅的历史。诗人告诉我们，北宋文与可用水墨画出的竹子，被称为"墨君"。而苏轼画枯木，与其大致类似。借鉴文画竹、苏画松的做法，花光用墨画梅，于是墨梅才得以出现。花光之后，又有杨补之以墨梅出名。不仅如此，诗人还对那些以形似求墨梅的人加以讽刺：你们要看梅花的形态，为什么不到江头的树边去呢？也就是说，欣赏墨梅和吟咏梅花一样，不要仅仅拘泥于其形态，而要突出其精神，即"遗貌取神"。

总之，提倡"梅格"也好，将梅花视作"花王"也好，吟咏墨梅也好，在本质上都是忽略其外在的自然形态，而重视其内在精神的表达。这些特点鲜明地体现出宋代咏梅诗与前代咏梅诗的不同。

（宋）杨补之《四梅图》之一

第二节 才有梅花便不同——南宋咏梅诗的繁荣

相对于北宋，南宋的咏梅诗更加繁荣。无论从作品数量还是
艺术成就上看，南宋咏梅诗取得的成就都是空前绝后的。张道洽
《梅花二十首》云：

> 才有梅花便不同，一年清致雪霜中。
> 疏疏篱落娟娟月，寂寂轩窗淡淡风。
> 生长元从琼玉圃，安排合在水晶宫。
> 何须更探春消息，自有幽香梦里通。

　　张道洽这首诗反映了南宋诗人对梅花的基本态度。正是这样的态度，使得更多的诗人把更多的精力投入咏梅诗写作中，也使得南宋的咏梅诗在数量上远远超过北宋。不但十首以上的咏梅组诗已很常见，就是百首以上的咏梅组诗也有多种，保存到今天的就有刘克庄的《百梅诗》、宋伯仁的《梅花喜神谱》、方蒙仲的《和刘后村梅花百咏》和李龏的《梅花衲》四组。南宋咏梅诗在许多方面与北宋的咏梅诗保持一致，但在某些方面又有明显的发展。

一、古梅受到前所未有的重视

　　北宋人喜欢咏梅，但没有对古梅表现出偏爱。林逋最著名的"疏影横斜"所写对象是"山园小梅"，而苏轼的"竹外一枝"似乎与古梅也没有关系。可是进入南宋，古梅的地位逐渐凸显出来了。周必大的《中秋古梅盛开次子中兄韵（乙卯）》①云：

> 抱瓮畦夫破井苔，炎天日日灌陈荄。
> 探枝春夜无声雨，赢得冰花带叶开。

　　周必大虽然较早关注古梅，可是他关心的只是如何令古梅盛开的种植技术，并没有涉及古梅的神韵。到了戴复古笔下，情况

---

① 周必大自注："初无他法，盛夏汲水灌之，遂开花如此。"

发生了明显的变化。其《得古梅两枝》云：

> 老干百年久，从教花事迟。①
> 似枯元不死，因病反成奇。
> 玉破②稀疏蕊，苔封古怪枝。
> 谁能知我意，相对岁寒时。③

百年的老梅，似乎已经枯死，可是在那些年轻的梅树开花之后，它也在"古怪枝"上长出了几朵稀疏的梅花。由此可以看出，周必大从古梅身上看到的主要是一种"奇趣"。再看苏泂的《和九兄古梅》：

> 处女何因发半华，一生蓝缕在贫家。
> 冷灰豆爆真奇事，枯树中间忽数花。

诗人将古梅比作一生未嫁的贫家处女，虽然鬓发已白，依旧一无所成。可是就像冷灰也能把黄豆炒爆一样奇特的是，行将死亡的一株枯树，又突然长出了"数花"。枯树生花，这是一种怎样的不屈精神！而萧立之的《漕园古梅》是这样写的：

---

① 原校：一作"有此老梅树，君从何处移"。
② 原校：玉破，一作"雪点"。
③ 原校：一作"连朝看不足，政要看花迟"。

花身怪怪复奇奇，几度春风未入诗。

列璺有文蛇蜕壳，刳心不死豹留皮。

风流不在宫妆称，冷淡偏于晚岁宜。

为怕清寒欺客袖，一檐斜月立多时。

此诗中古梅的确是"怪怪复奇奇"，外面的树皮极度开裂甚至如蛇蜕皮般脱落，部分树干也腐烂而形成空洞。可是在诗人心里，这样的梅树恰好与冬日严寒非常适宜，也使其内在精神可以更好地体现出来。

古梅年岁已老，所以树体总会出现枯死的现象，可以说"枯"是古梅的重要组成部分。上引苏泂《和九兄古梅》直接将古梅称为"枯树"，而萧立之《漕园古梅》中的古梅已经"刳心"，都是这个道理。按照这样的逻辑，枯梅自然也值得赏爱了。马知节的《枯梅》云：

斧斤戕不死，半藓半枯槎。

寂寞幽岩下，一枝三四花。

从具体内容看，马知节笔下的枯梅与苏泂、萧立之笔下的古梅都是一致的，即共同拥有枯死的外形和不屈的精神。

古梅之美虽然主要是南宋人发现的，但其审美基础还在北宋。林逋的"疏影横斜"，苏轼的"竹外一枝斜更好"，都是为了彰显梅花的精神。那么，在梅的一生中，什么阶段的树更容易长出斜枝？更容易形成疏影呢？当然是古梅。年轻的梅树生命力强，枝条大都向上生长，而且很容易形成繁花似锦的盛况。而古梅则不同，生命力已经很弱，即将走向死亡，可是它并不甘心，而是拼尽所有的力量长出几条稀疏而瘦弱的枝条，再在上面开出少量的花朵。南宋人喜欢古梅，其实喜欢的正是这种不屈的精神。

二、赏梅模式的系统化

咏梅起于赏梅，因此赏梅的角度也就深深影响到咏梅诗的写作。那么，宋人是如何赏梅的呢？北宋人虽然喜欢赏梅，但并没有形成系统的模式。华镇的《梅花一首（并序）》云：

余于花卉间尤爱梅花，每遇于园林中，徘徊观览而不忍去。意欲列植成林，构屋其间，朝夕见之而后慊，然贫而未能为此也。至其敷荣之日，则置树枝于研席，聊以慰其所好。情未能已，载形于言。

生来幽意枯怜梅，醉眼愁眉见即开。
案上欲教终日在，林梢令折树枝来。
轻匀素色欺鱼网，潇洒清香压麝煤。
一嗅一观情一倍，熙熙不啻上春台。

华镇对梅花的感情可谓深矣，可是他对梅的欣赏却只有"幽意""枯""折树枝""素色"等几个方面。比较而言，南宋人的认识要具体、细腻得多。如余观复的《梅花引》云：

耨银云，锄璧月，栽得寒花寄愁绝。
阳和一点来天根，春满江南谁漏泄？
珊瑚作树玉为肤，沉水熏香檀吐屑。
野桥横，寒涧洁。
斜梢舞破屋角烟，老树压残墙角雪。
风流不肯王谢俦，孤高尚笑夷齐劣。
萧然与俗最无缘，此话难明向谁说？
绝爱西湖君，暗香浮动月黄昏。
亦爱东坡老，竹外一枝斜更好。
二仙去矣花寂寥，着语压花花不倒。
谁能淡笔传其真？谁能楚语招其魂？
参横月落兴未了，三叫花神闻不闻。
花影摇摇情默默，冷透吟脾醒醉魄。
问渠桃李岂知春？西抹东涂受春役。
自然香，无色色。
谯楼角动霜初飞，萧寺钟鸣天欲白。
披衣绕遍树头行，判断人间风月国。

　　按照余观复的说法，"银云""璧月"，是赏梅的最佳时机；"野桥""寒涧"，是赏梅的典型环境。而林逋的"暗香浮动"、苏轼的"竹外一枝"，则是对梅花本身的欣赏。

　　其实，如果不局限于梅花本身，则可以看出前人吟咏墨梅时早已提出了更加系统的赏梅模式。如王质的《墨梅》云：

> 贵简不贵繁，妙在有无间。
>
> 满眼寻不见，约略见纤纤。
>
> 贵老不贵稚，妙在荣枯际。
>
> 芳态减初年，其中寓幽意。
>
> 贵瘠不贵肥，愈瘦愈清奇。
>
> 瘦到无何有，政好玩空枝。
>
> 贵含不贵开，风度韬胚胎。
>
> 游蜂啴不得，乃始抱全才。
>
> 宜在幽且邃，终日无人至。
>
> 水绕山重重，隔树令人嚏。
>
> 宜在平且阔，大江惊涛泼。
>
> 泼上稍连颠，半蕈忽冲脱。
>
> 宜夜不宜昼，更宜月波溜。
>
> 崖净涧淙淙，渔子推篷嗅。
>
> 宜阴不宜晴，更宜雪花凝。
>
> 五七点未足，封枝要全局。

宜与竹相邻，白白参青青。

所恨花无音，间借竹为声。

宜与松相伴，扶疏交凌乱。

松香粗则粗，亦能佐一半。

其鸟宜翠羽，否则碧蒿侣。

山雀仍山鸦，速去切勿驻。

其人宜野僧，否则闲道民。

宜疏绮纨客，公子共王孙。

吾非僧，又非道。

两眼贮五湖，两肩负三岛。

相烦健笔凌风扫，梅子王子成二老。

　　诗人一口气提出"贵简不贵繁""贵老不贵稚""贵瘠不贵肥""贵含不贵开""宜在幽且邃""宜在平且阔""宜夜不宜昼""宜阴不宜晴""宜与竹相邻""宜与松相伴""其鸟宜翠羽""其人宜野僧"等12条意见，讨论的都是如何描摹墨梅的问题，即如何最大限度地突出梅花的精神。画家的意图，自然希望观赏者能够体会出来。因此，这12条意见也是指导观赏者欣赏墨梅的纲领。诗人观赏墨梅，和观赏自然状态下的梅花是一致的。以此为前提去品读宋人的咏梅诗，就会觉得更加生动，也更加亲切。
　　与王质《墨梅》类似的还有白玉蟾的《友人陈栖得杨补之三昧赏之以诗》一诗：

梅花不清是水清，最是一枝溪上横。

梅花不明是雪明，冻折老梢飘碎琼。

梅花不暗是雨暗，隔篱和雨粘珠糁。

梅花不淡是烟淡，烟锁江村烟惨惨。

梅花不枯是霜枯，霜后不俗霜前粗。

梅花不瘦是月瘦，月下徘徊孤影峭。

梅花不寒是风寒，落英飞上玉阑干。

梅花不湿是露湿，冷蕊含羞晓呜浥。

雪明偏见梅花魂，笔下六花堆烂银。

水清偏见梅花骨，笔下一溪寒浸月。

烟淡偏见梅花情，笔下一片黄昏晴。

雨晴偏见梅花貌，笔下婷婷向人笑。

月瘦偏见梅花真，笔下蟾蜍弄早春。

霜枯偏见梅花操，笔下飞霜送春耗。

露湿偏见梅花奇，笔下冷蕊垂百琲。

风寒偏见梅花意，笔下萧骚夺云气。

有人身心似梅花，写出清浅与横斜。

补之若见亦惊嗟，机杼迥然别一家。

繁处不繁简处简，雪迷晓色月迷晚。

更得一些香气浮，阳春总在君笔头。

白玉蟾不仅拈出"水清""雪明""雨暗""烟淡""霜枯"

"月瘦""风寒""露湿"作为摹写墨梅与观赏墨梅的基本角度，而且有意揭示其作用和意义。

（元）吴镇《梅花图》

将以上几首诗结合起来，可以看出南宋人对于画梅、赏梅和咏梅不仅已经形成了诸多模式，而且已经将其系统化了。两宋的咏梅诗数量虽然巨大，但大多数作品都可以归纳到上述模式之中。

三、分题组诗对咏梅内涵的拓展

咏梅诗以梅为表现对象，这是无疑的，可是到底表现什么？梅花、梅枝、梅子还是整株的梅树？当然都是可以的。即便是对于其中的梅花，又该从哪些角度进行吟咏呢？北宋诗人虽然进行了诸多探讨，但总体上比较零碎。在此基础上，南宋诗人则有意识地通过组诗形式对这个问题进行了多方面的探讨。就具体作品看，南宋诗人的探讨主要有以下几个角度：

其一，有些诗人重视梅的种类和状态。如王灼的组诗《次韵次尹俊卿梅花绝句》由八首诗组成，每诗后依次注作："早""官""月""雪""江""竹""黄""落"。根据标题可知组诗由两类作品构成：一类表现梅的种类，包括"早""官""江""黄"，分别写早梅、官梅、江梅和黄香梅；另一类表现梅的状态，包括"月""雪""竹""落"，分别写月下之梅、雪中之梅、竹边之梅和飘落之梅。如组诗中第四首：

> 急霰争璀璨，仙标不解寒。
> 汉家赵飞燕，偏许雪中看。①

在大雪纷飞的天气中，梅花傲然地开放着。梅花既像赵飞燕一样体态轻盈，临风欲飞，又能不畏严寒，在雪中呈现出傲岸的个性。与此类似的还有朱熹的组诗《元范尊兄示及十梅诗风格清新寄意深远吟玩累日欲和不能昨夕自白鹿玉涧归偶得数语》，由十首诗组成，依次分为《江梅》《岭梅》《野梅》《早梅》《寒梅》《小梅》《疏梅》《枯梅》《落梅》和《赋梅》十个小标题。

---

① 王灼自注："雪"。

如果说《江梅》《早梅》属于梅的种类，其余诸诗则大都表现梅
的生长状态。

其二，有些诗人将梅从花胚初生到开花结果的过程分成若干
阶段，然后逐段加以吟咏。如张至龙的组诗《梅花十咏》分为
《梅梢》《蓓蕾》《欲开》《半开》《全开》《欲谢》《半谢》《全
谢》《小实》《大实》十个小标题。如《梅梢》：

> 根清条不肥，影落明月地。
>
> 凄凄欲寒时，胚腪已生意。

虽然还没有成为蓓蕾，可梅枝上已经生出梅花的"胚腪"。
在诗人看来，这时的梅枝已经具有了审美意义。在寒月的映照
下，细细的梅枝在地上投下稀疏的影子，斑驳可爱。比张至龙组
诗规模更大的是宋伯仁的《梅花喜神谱》，全集 100 首诗都是按
照梅花的生长阶段进行创作的。本书第五章有专门的分析，此不
赘言。

其三，有些诗人从自我出发，主要记载自己的梅事活动。这
方面最典型的代表是刘黻的组诗《用坡仙梅花十韵》，依次以
《爱梅》《访梅》《见梅》《探梅》《咏梅》《遇梅》《诉梅》《拟
梅》《友梅》《赞梅》为小标题。如《见梅》：

水边林表几徘徊，索笑清尊不惮开。

只恐对花无好句，却成辜负一年来。

　　在野外遇到梅花，诗人总是舍不得离开，在那里饮酒作乐，诗兴大发。他最烦恼的事情是面对高洁的梅花，自己却写不出精彩的诗句，岂不辜负了她！

　　比较而言，杨公远的组诗《梅花二十绝》更加复杂。组诗分《探梅》《访梅》《寄梅》《赋梅》《观梅》《折梅》《写梅》《红梅》《千叶梅》《雪梅》《月梅》《烟梅》《霜梅》《冰梅》《照水梅》《梅影》《早梅》《迟梅》《残梅》《梅实》20 首。据其标题不难看出，这组诗不仅记载了诗人的梅事活动（如《探梅》《访梅》等），介绍了一些梅花的品种（如《红梅》《千叶梅》等），而且还较多表现了梅的生活状态（如《雪梅》《梅影》等），可以说正好包括了上文分析的三类内容。

　　其四，对梅画的题咏也更加细腻。这应该跟梅画越来越精细有关。花光和尚有一组梅画，称作"十梅"。释师范《花光十梅》就是题咏这组梅画的，组诗分为《悬崖放下》《绝后再苏》《平地回春》《淡中有味》《一枝横出》《五叶联芳》《正偏自在》《高下随宜》《幻花灭尽》和《实相常圆》。如《淡中有味》：

半开半合荣枯外，似有似无闲淡中。

自是一般风味别，笑他红紫斗芳丛。

花光所画的画面已经难以详考，据释师范此诗，大约是用水墨画出的枯树，上面生长着半开半合的梅花。王柏也有《题花光梅十首》，其顺序与释师范十诗略同，唯第五、六两首颠倒。此外，陈著也有组诗《代弟莒咏梅画十景》，分《先春》《古枝》《宜月》《卧烟》《依松》《依竹》《雪里》《风前》《飞花》《结实》等十首，从不同的侧面对梅画的精神进行了刻画。

南宋的咏梅诗虽然获得了很大发展，取得了很高的成就，但从根本上与北宋的咏梅诗保持了一致。至此，咏梅诗的疆域大体上已经厘定。当元、明、清几代诗人再去咏梅的时候，总是自觉不自觉地受到宋代咏梅诗的影响。

第三节　独树一帜的集句咏梅诗

梅与诗的结缘，除了涌现出大量的咏梅诗外，还出现了一类用他人现成的诗句写成的咏梅诗——集句咏梅诗。集句咏梅诗产生于北宋，在南宋已出现了多种专集。历经元、明两代，集句咏梅诗在清代达到高峰。用集句方式题咏桂花、菊花、荷花的现象都曾出现，甚至也有专集，但即使将所有作品加起来，其总量也不及集句咏梅诗的十分之一。因此，集句咏梅诗可谓独树一帜。

一、宋代的集句咏梅诗

宋代之前，没有出现过集句咏梅。最早的集句咏梅诗出自北宋王安石笔下，其《梅花》（又作《送吴显道五首》）云：

> 白玉堂前一树梅，为谁零落为谁开。
>
> 唯有春风最相惜，一年一度一归来。

此诗中所有的句子都是前人现成的，"白玉"句出自唐薛维翰的《春女怨》，"为谁"句出自唐皮日休的《伤进士严子重诗》，"唯有"句出自唐杨巨源的《和练秀才杨柳》，"一年"句出自北宋詹光茂妻《寄远诗》。这样的诗就是集句诗。而此诗又是咏梅诗，所以可以称为集句咏梅诗。集句咏梅诗虽然在北宋已经出现，但当时似乎仅有王安石这一首作品。

到了南宋，情况发生了很大的变化。撇开那些零星的作品，仅释绍嵩的集句诗集《江浙纪行集句诗》中就有组诗《次韵吴伯庸竹间梅花十绝》和《咏梅五十首呈史尚书》两组，作品多达60首。如《次韵吴伯庸竹间梅花十绝》（其一）①：

> 竹间初拆半斜枝，正是周王二月时。
>
> 竹映梅花花映竹，主人不剪要题诗。

此诗中的四个句子都是宋人现成的，释绍嵩用它们写了一首

---

① 此诗集林敏功、蕴常、庆斋、山谷之诗句而成。

新的咏梅诗。"周王二月"即夏历十二月，其时梅花开放，与竹子相映成趣，唤起了主人作诗的兴致。但是，在南宋的集句咏梅诗中，释绍嵩的上述两组诗并不是规模最大的，其时出现过的集句咏梅诗专集至少有李鲂的《梅花集句》、郭适之的《梅雪集》、赵公保的《集句梅诗》、李龏的《梅花衲》、无名氏的《梅花集句》、陈毕万的《梅花集句》六种。可惜这些专集大都失传，前三种已无作品存世，无名氏的《梅花集句》可据叶大庆《考古质疑》辑出 15 首，陈毕万的《梅花集句》可据《永乐大典》辑出 12 首，只有李龏的《梅花衲》完整保存到今天，实在难能可贵。

李龏（1194—?），字和父，号雪林。祖籍菏泽（今属山东），居住在吴兴（今属浙江湖州）农村，不乐仕进，喜梅。《梅花衲》有七绝 147 首、五绝 65 首，共 212 首。这些诗歌虽然都是咏梅，但作者的主观情致得到了很好的体现。如七绝中第十首:①

> 东君借与好风光，穷巷无人亦自芳。
> 谁念故都花落尽，客愁春恨两茫茫。

春天到了，梅花在无人的穷巷里独自开放，这与隐居他乡的诗人非常切合。于是他不由得想起自己的故乡，乡愁与春愁交织在一起，因而悲不自胜。在这首诗里，梅花只是引子，诗人的悲

---

①　此诗集白居易、张安国、陈佑、李缜之诗句而成。

苦心情才是主要内容。用梅花来引发自己的思乡之情，在一定程度上体现出李郢对咏梅诗发展的创新。对于《梅花衲》所取得的成就，刘宰所作序云：

> 菏泽李君寄示《梅花衲》，余读之，若武陵渔人误入桃源，但见深红浅红，后先相映，虽有奇花异卉间厕其间，莫能辨其孰彼孰此也。绍熙间，余尉江宁，有李鲂伯鲤者，实余乡人，年七十余，客授方山观，示余《梅花集句》百首。其所取用，上及晋、宋，下止苏门诸君子，虽句句可考，而意或牵强，如两服两骖，用生马驹，费尽御者力，终难妥帖。今李君所取，下及于近时诸作，犹牺象尊间杂以一二瓶罂，虽雅俗不同，然适用可喜也！况后视今，未必不如今视昔耶。余故喜为之书，丁亥春丹阳刘宰。

从现在残留的作品看，无名氏的《梅花集句》和陈毕万的《梅花集句》也都采用了绝句的形式。

从北宋到南宋，众多诗人创作了大量的咏梅诗。这些作品对于宋代集句咏梅诗的产生和发展无疑具有积极的推动作用。宋代的集句咏梅诗全都采用绝句的形式，这一方面跟诗人的选择有关，另一面也跟集句写作难度太大有关。

二、元、明两代的集句咏梅诗

在宋代的基础上，元、明两代的集句咏梅诗继续发展。相对于两宋，元、明两代的诗歌成就较低，但集句咏梅诗却取得了明显的进步。

元代仅存一种集句诗集，即郭豫亨的《梅花字字香》，其中98 首诗都是咏梅之作。该集具有两个方面的创新意义：其一是采用了更加艰难的七律形式。从形式来说，《梅花字字香》中的 98 首诗全部采用了七律的形式，是对咏梅诗艺术的发展。两宋的集句咏梅诗采用七绝、五绝的形式，每首诗只有四句，驾驭起来还比较容易。律诗就不同了，不光是句数比绝句增加了一倍，而且中间两联还要求对仗，这就大大增加了写作的难度。其二是尽量使用前人的咏梅诗句。诗人自序云：

余爱梅花，自号梅岩野人。凡见古今诗人梅花杰作，必随手钞录而歌咏之，积以岁月，遂成巨编。熟之既久，若有所得，暇日辄集其句，得百篇，目为《字字香》。其间句煅意炼，璧合珠联，亦有天然之巧者，吾不知其为古作也。

作者说他的诗取句范围是"古今诗人梅花杰作"，虽然有夸张成分，但考证其诗，可以看出他的确是朝着这个方向努力的。

如前集第一首①：

> 诗为吟梅字字香，骚人阁笔费评章。
>
> 近来行辈无和靖，谁道花中有孟尝。
>
> 冰玉精神霜雪操，珍珠楼阁水晶乡。
>
> 东君见借阳和力，合有春风到草堂。

在诗中可考的六个句子中，"骚人"句出自卢钺的《梅花》，"近来"句出自高九万的《孤山》，"谁道"句出自白玉蟾的《梅花二首寄呈史吏部》，"珍珠"句出自杨万里的《和张功父梅花十绝句》，"东君"句出自邵雍的《小园逢春》，"合有"句出自戴复古的《灵洲梅花》，显然都是出自前人的咏梅诗。另外两句无考，即便不是出自咏梅诗，但"诗为""冰玉"本身皆足以自证为咏梅的诗句。由此可以看出，全诗都是由前人的咏梅诗句组成的。当然，这样的作品在《梅花字字香》中所占的比例不高。就集中多数作品而言，虽然都使用了较多的咏梅诗句，但其中通常杂有一定数量的非咏梅诗句。由此可以推断，诗人初定的选句范围的确是"古今诗人梅花杰作"，但有时由于找不到合适的咏梅诗句，不得已杂用其他诗句成诗。虽然郭豫亨的《梅花字字香》

---

① 郭豫亨自注作者："圆悟、卢钺、高菊磵、白玉蟾、翁元广、诚斋、康节、戴石屏。"

前、后集在选取诗句时并不限于"古今诗人梅花杰作"，但他在这方面的努力追求却是显而易见的，对后世同类作品的出现，具有先导的作用。

明代的集句咏梅诗数量较多，其中保存到今天的专集有沈行的《咏梅集句》两卷、杨光溥的《梅花集咏》一卷、童琥的《草窗梅花集句》三卷和洪九畴、程起骏的《竹浪亭集补梅花集句》一卷，共四种。其中成就较高的是沈行的《咏梅集句》和童琥的《草窗梅花集句》。

沈行的《咏梅集句》由两卷组成：卷一为 120 首七律，卷二为 244 首七绝，两卷相加共有 364 首咏梅诗。跟前人相比，沈行《咏梅集句》中最有创新意义的是卷一的前 62 首七律都属于"禁体"。"禁体"的概念出自宋代。欧阳修知颍州（今安徽阜阳）时，曾会客赋雪，约定禁用玉、月、梨、梅、练、絮、白、舞、鹅、鹤、银等事，这就是"禁体"的产生了。沈行的"禁体"并非赋雪，却遵守了欧阳修等人赋雪时所设的禁令。如第一首①：

> 野水晴山雪后时，含情念态一枝枝。
>
> 已疑素手能妆出，不御铅华亦自奇。
>
> 正气才随灰律变，高风惟有岁寒知。

---

① 此诗集李群玉、崔鲁、罗弘信、北涧、方干、虞伯生、薛逢、杜彦之诗句而成。

何人画得天生态，画得输他八句诗。

　　细读全诗，确实没有使用欧阳修禁用的那些事，完全符合
"禁体"的标准。全诗不仅赞美梅花的美丽和傲寒，而且说其美
丽是画家的画笔难以描绘的。沈行七律和七绝并重，且作品数量
如此之多，甚至遵守了"禁体"，都体现出他对集句咏梅诗的
贡献。

　　童琥的《草窗梅花集句》分为三卷，卷一为五律100首，卷
二为七律100首，卷三为七绝100首，其后又附七律《红梅》10
首，共计310首。跟郭豫亨、沈行相比，童琥的贡献主要体现在
卷一的100首五律上。如第一首①：

十月初寒外，梅梢已着春。

故将天下白，截断世间尘。

根老香全古，心清趣自真。

不同桃与李，所至媚游人。

　　借用前人的诗句，此诗不仅赞美了梅花的高洁，而且还对
桃、李表现出鄙夷不屑的态度。

――――――――

　　① 此诗集邵康节、陈后山、张泽民、徐道晖、张泽民、黄月屋、杜荀鹤、
吕居仁之诗句而成。

至童琥的 100 首五律出现，集句咏梅诗在形式上已经具有七绝、五绝、七律、五律等四种基本体式，其发展是非常明显的。

三、清代的集句咏梅诗

集句诗在清代走向繁荣，集句咏梅诗在数量上也达到高峰。仅保存到今天的专集就有几十种，即张吴曼的《集古梅花诗》十九卷、柳如是的《我闻室梅花集句》三卷、涨潮的《集杜梅花诗》一册、张山农的《和涉江梅花诗》一卷和《集唐（梅花诗)》一卷、逊志主人的《逊志斋集唐梅花百咏》一卷、汪麟的《蔗亭梅花集句》二卷本（亦有四卷本）、崔应阶的《梅花集句》一卷、胡成祝的《梅花集句》百首、葛璇的《月我轩梅花集句七言律百首》一卷、徐献廷的《集唐梅花百咏》、潘恕的《双桐圃诗抄》（一名《梅花集古诗》）二卷和任瑛的《梅花书屋集梅》一卷等。

相对于宋、元以来的作品，清代的集句咏梅诗在内容和艺术上很难说有明显的进步，但数量很多，在一定程度上具有总结的意味。这里以徐献廷的《集唐梅花百咏》为例来解读。该集作品可分为以下四类。

其一，是《和高青丘梅花九首（元韵)》《再叠前韵九首》《三叠前韵九首》和《道上见梅又叠前韵九首》，一共 36 首。这是四组次韵诗。《梅花九首》是高启著名的咏梅组诗，徐献廷爱之深切，故能反复次韵。如《道上见梅又叠前韵九首》(其一)①：

> 独寻春色上高台，越岭吴溪免用栽。
>
> 千里梦随残月断，数枝愁向晚天来。
>
> 遥村处处吹横笛，寒涧泠泠漱古苔。
>
> 到此诗情应更远，别君花落又花开。

此诗写道上见到梅花的喜悦之情，虽然依次采用高启的《梅花九首》(其一)的韵脚，但所有的诗句均出自唐代诗人笔下。像这样以次韵方式反复创作集句咏梅组诗，体现出了较高的艺术才能。

其二，是反映梅花生长状态和梅事活动的 33 首诗，可以分为两类：前面 13 首分别写不同生长环境的梅，依次为《岭梅》《溪梅》《江梅》《岸梅》《野梅》《村梅》《店梅》《驿梅》《官梅》《亭梅》《宫梅》《寺梅》《官梅》；后面 20 首则写诗人进行的梅事活动，包括《种梅》《移梅》《溉梅》《催梅》《探梅》《寻梅》《观梅》《赏梅》《供梅》《友梅》《品梅》《咏梅》《歌梅》《聘梅》《画梅》《折梅》《赠梅》《答梅》《问梅》《饯梅》。如《供梅》②：

────────────

① 此诗集薛能、罗邺、李白、崔橹、李中、贾岛、张籍、徐夤之诗句而成。
② 此诗集熊孺登、吴融、谢偃、王建、刘禹锡、刘希夷、徐铉、高骈之诗句而成。

知是修行第几身？玉瓶寒贮露含津。

樽中酒色恒宜满，分外诗篇看即新。

对此独吟还独酌，与君相向转相亲。

窗前人静偏宜夜，节概犹夸似古人。

　　诗人在诗中写尽对梅花的热爱，他甚至将梅折枝装在梅瓶里供奉在家中，日日亲近，从中领略其高贵的气质，也体现出一种高雅的生活情趣。

　　其三，是《落梅》26 首，专写梅花的飘零及其在诗人心头唤起的惆怅之感。

　　其四，是《自题西园梅》五首，乃对自家几株梅的写照。

　　以上四部分，加起来共 100 首，总称《梅花百咏》。从以上分析可以看出，徐献廷的《集唐梅花百咏》不仅采用了此前咏梅诗常见的"百咏"体制，而且也都可从前人的咏梅诗中找到例证。虽然如此，徐献廷采用"集唐"（专门集用唐人的诗句，集句诗的一个类别）的方式来创作，难度加大，因此仍有一定的新意。

　　梅与诗的结缘可以追溯到《诗经》的时代，但咏梅诗直到六朝才出现。至唐，咏梅诗的数量逐步增加。到了北宋，咏梅诗发展的速度突然加快了，南宋时期可以说是咏梅诗发展的高峰。南宋以后，咏梅诗在艺术上进步不大，甚至在一定程度上走向了摹仿。而采用集句方式创作咏梅诗的现象在北宋开始出现，至南宋产生了专集，明清时则发展较快。

第四章　历代咏梅诗人（上）

咏梅诗能够产生、发展并走向繁荣，固然有很多原因在起作用，但最直接的原因在于历代许多诗人的积极参与。现选择历代重要的咏梅诗人，分为三章，分别对其咏梅诗的特点加以概括和分析。

第一节　疏影横斜水清浅——林逋

对于咏梅诗的发展，北宋的杭州隐士林逋是非常关键的人物。林逋（967—1028），字君复，钱塘（今浙江杭州）人。林逋不慕名利，年轻时曾游于江淮之间，后长期隐居在西湖之孤山。林逋一生未娶，唯好种梅养鹤，后人有"梅妻鹤子"之说。林逋是著名的隐士，真宗曾赏其赐粟帛，卒后谥和靖先生。林逋长于诗词，对后世影响最大的是他的八首咏梅诗。

一、发展了咏梅组诗

六朝至隋唐的诗人，只是偶尔创作咏梅诗，所以作品数量都不多。六朝写作梅诗数量最多的诗人是江总，有三首《梅花落》，而唐朝创作咏梅诗数量最多的诗人是白居易，有五首咏梅诗。跟前代相比，林逋的咏梅诗数量最多，共有八首。除了数量多，这些作品还全部采用了组诗的形式。这八首诗中，有一首似乎是单独存在的，即《又咏小梅》：

> 数年闲作园林主，未有新诗到小梅。
> 摘索又开三两朵，团栾空绕百千回。
> 荒邻独映山初尽，晚景相禁雪欲来。
> 寄语清香少愁结，为君吟罢一衔杯。

此诗虽然单独存在，但标题中"又"字却表明了其与前面的《山园小梅二首》之间的有机联系。从这个意义上，说此诗与《山园小梅二首》是一组诗亦未尝不可。而其《梅花三首》本身就是由三首诗构成的组诗：

> 吟怀长恨负芳时，为见梅花辄入诗。
> 雪后园林才半树，水边篱落忽横枝。
> 人怜红艳多应俗，天与清香似有私。
> 堪笑胡雏亦风味，解将声调角中吹。
>
> 几回山脚又江头，绕着孤芳看不休。

一味清新无我爱，十分孤静与伊愁。

任教月老须微见，却为春寒得少留。

终共公言数来者，海棠端的免包羞。

小园烟景正凄迷，阵阵寒香压麝脐。

湖水倒窥疏影动，屋檐斜入一枝低。

画工空向闲时看，诗客休征故事题。

惭愧黄鹂与蝴蝶，只知春色在桃溪。

　　第一首写梅花初开的情景，尤其是"才半树""忽横枝"一联，其中洋溢着诗人心中的惊喜。第二首写诗人因为喜欢梅花，所以每天都前去欣赏，流连忘返，因此对其"清新""孤静"的特点，特别是月下的朦胧身影满怀深情。第三首赞梅花之美既非画工能够画出，也非诗客使用典故所能形容得出来。三首诗各有侧重，共同构成一个整体。除此之外，他另外两首诗即《梅花二首》，也是一组诗。从前面的分析可以看出，林逋的咏梅诗不仅在数量上超过前人，而且全部采用了组诗的形式。后来咏梅组诗的数量越来越多，规模越来越大，追根溯源，都跟林逋咏梅诗的组诗化有很大的关系。

二、突出梅的"疏影横斜"之美

　　六朝以来，咏梅诗一直以梅花为中心，虽然偶尔写到枝条，也是作为梅花的陪衬。林逋突出了梅的"疏影横斜"之美，在咏梅诗发展史上具有划时代的意义。如其《山园小梅二首》（其一）：

> 众芳摇落独暄妍，占尽风情向小园。
> 疏影横斜水清浅，暗香浮动月黄昏。
> 霜禽欲下先偷眼，粉蝶如知合断魂。
> 幸有微吟可相狎，不须檀板共金尊。

此诗在当时就得到好评，尤其是"疏影横斜"一联，曾经得到欧阳修的称赞。在《归田录》卷二中，欧阳修引述此联后说："评诗者谓前世咏梅者多矣，未有此句也。"此联的新意即在于突出了梅的清幽神韵。赵齐平《暗香疏影——说林逋〈山园小梅〉（其一）》一文云：

"疏影""暗香"一联，以极富于美感的意象构件（包括色、香、光、形），紧扣梅的自然特征以及被物化了的人的审美情趣，有机地组合成异常幽谧雅洁的静境；这是梅花赖以存在的一种冷色调的清幽处所。若问梅的神韵在哪里，就在这里。

不过，仁者见仁，智者见智，黄庭坚最欣赏的却是《梅花三首》（其一）中的"雪后"一联，其《书林和靖诗》云：

　　欧阳文忠公极赏林和靖"疏影横斜水清浅，暗香浮动月黄昏"之句，而不知和靖别有《咏梅》一联云"雪后园林才半树，水边篱落忽横枝"似胜前句，不知文忠公何缘弃此而赏彼。文章大概亦如女色，好恶止系于人。

　　欧阳修与黄庭坚分别称赏林逋的两个不同的诗联，固然跟他们自己的审美观有很大关系，但两个诗联的共同之处也是很明显的，即都突出了梅枝的"横斜"。在其余六首诗中，也有类似的诗句，如"湖水倒窥疏影动，屋檐斜入一枝低"［《梅花三首》（其三）］、"横隔片烟争向静"［《梅花二首》（其二）］都是。

　　虽然林逋所写的梅都是"小梅"，可是"疏影横斜"其实更适合用来刻画老梅树。宋人爱梅，主要是能够从梅身上看到一种不屈的精神，而老树更能体现出这种精神。老树的生命力已经不强，可它们仍然非常顽强地长出新的枝条。可是由于生命力的减弱，老树长出的枝条不仅稀疏、瘦弱，而且往往是侧面横生。林逋之后，人们继承了"疏影横斜"的审美追求，但逐渐将其运用在老梅身上。宫梦仁《读书纪数略》卷五十四所载"梅四德四贵"云："初蕊为元，开花为亨，结子为利，成熟为贞。贵稀不贵繁，贵老不贵嫩，贵瘦不贵肥，贵含不贵开。"如果说"四德"直接将梅的花果跟周易"元、亨、利、贞"所代表的仁、礼、义、智四种品德一一比附，这属于"比德"的范畴；"四贵"则是世人对梅的理想写照，除了"贵含不贵开"跟树的老幼关系不大外，"贵稀""贵老""贵瘦"其实都可以归结为对老梅的珍爱。

（宋）岩叟《梅花诗意图》（部分）

三、梅与人的统一

对梅清幽神韵的追求，是跟林逋隐士身份相一致的。作为一个居住在孤山二十多年的隐士，他竟然足迹不至杭州城。与前人仅仅在梅花开放的时候偶尔前往寻访和欣赏不同，林逋不仅自己种梅，而且长期与梅生活在一起。梅已经是他的亲人，是他生命的有机组成部分了。如其《梅花二首》：

　　宿霭相粘冻雪残，一枝深映竹丛寒。

　　不辞日日旁边立，长愿年年末上看。

　　蕊讶粉绡裁太碎，蒂疑红蜡缀初干。

　　香篝独酌聊为寿，从此群芳兴亦阑。

孤根何事在柴荆？村色仍将腊候并。

横隔片烟争向静，半粘残雪不胜清。

等闲题咏谁为愧，子细相看似有情。

搔首寿阳千载后，可堪青草杂芳英。

这两首诗，第一首侧重诗人对梅的喜爱。首联写梅花顶着雨雪在竹丛里开放；颔联直接写出对梅花的喜爱，"不辞""长愿"把这种感情渲染得非常强烈；颈联选择"蕊""蒂"两点来突出梅花之美；尾联写诗人举酒为梅祝寿，并说看过梅花，就再也没有兴致观看其余的百花了。第二首则主要表现梅花有情有义的一面。首联感叹梅树竟然生长在自己的门户之中，其素净的小花却在腊月开放了；颔联从"静"和"清"两个方面概括出梅的性格；颈联写平常的题咏根本配不上梅花，而梅花也似乎对自己脉脉含情；尾联写自从南朝的寿阳公主作梅花妆之后，梅就具有了高洁的品质，怎能生长于青草地与杂花为伍呢？这两首诗一侧重于诗人，一侧重于梅，互相映衬，又密不可分，人即是梅，梅即是人，彼此已成为有机的统一。不仅这两首，其余六首诗也一样。

林逋是隐士，因为对梅投入了太多的感情，已经将梅看作自己的化身，所以其笔下的梅也具有了隐士的特征。程杰先生将林逋笔下的梅称为"处士梅"，认为"他成功的咏梅本身就在梅与'处士'形象之间缔结起深刻的联系，为梅花作为高洁人格的象征树立了现实的范例"。

林逋不仅是六朝以来创作咏梅诗数量最多的诗人，而且发现了梅的"疏影横斜"之美，体现出梅与人的有机统一。元代方回编《瀛奎律髓》时将这八首诗悉数收录、点评，而且在收录第一首后说："和靖梅花七言律凡八首，前辈以为'孤山八梅'。"林逋开创了咏梅诗的新时代，对后世咏梅诗的影响远远超过此前的任何一位诗人。故释道潜的《梅花》诗云：

> 咸平处士风流远，招得梅花枝上魂。
>
> 疏影暗香如昨日，不知人世几黄昏。

此诗不仅概括出"咸平处士"即林逋对后世产生的深远影响，而且明确指出林逋咏梅诗的高明之处在于能勾勒出梅花的魂魄。

第二节　但咏同姓木——梅尧臣

在林逋之后，另一个重要的咏梅诗人是梅尧臣。梅尧臣（1002—1060），字圣俞，宣州宣城（今属安徽）人。他享受叔父梅询之恩荫补太庙斋郎，仁宗朝被赐同进士出身，仕至尚书都官员外郎。梅尧臣是最早开创"宋调"的诗人，与欧阳修、苏舜钦为诗友。对于咏梅诗来说，梅尧臣的作用同样非常重要。

一、多种多样的诗体形式

之前的咏梅诗人，因为作品不多，诗体形式都比较单一。即便是林逋，其八首咏梅诗也全部采用七律的形式。跟他们相比，梅尧臣的咏梅诗多达27首（《全宋诗》补辑《早梅》一诗，见于《全唐诗》，作熊皎诗，故不计入），和六朝咏梅诗的总和相当。梅尧臣的咏梅诗不仅数量较多，也体现出形式多样的特色，这些诗歌可以分为五类：

第一类是五古，有五首。这些诗中，篇幅最长的是《依韵和正仲重台梅花》，多达32句；其次是《读吴正仲重台梅花诗》，有12句；《张圣民席上赋红梅》和《郭园梅花（二月一日）》均为8句；最短的是《万表臣报山房有重梅花叶又繁诸君往观之》，仅有6句。

第二类是七古，有三首。这几首诗篇幅都比较长，《正仲往灵济庙观重台梅》《资政王侍郎命赋梅花用芳字》两首14句，《红梅篇》为17句。

第三类是五律，有六首。包括《梅花》《青梅》《九月见梅花》《红梅》《吴正仲求红梅接头》《依韵答僧圆觉早梅》。

第四类是七律，有六首。包括《依韵和叔治晚春梅花》《梅花》《梅花（又）》《和梅花》《依韵和吴正仲闻重梅已开见招》《依韵诸公寻灵济重台梅》。

第五类是七绝，有七首。包括《京师逢卖梅花五首》《依韵和吴正仲屯田重台梅花诗》和《送红梅行之有诗依其韵和》。其中最值得注意的是《京师逢卖梅花五首》：

> 此土只知看杏蕊，大梁亦复卖梅花。
> 此心还似庾开府，不惜金钱买取夸。
>
> 驿使前时走马回，北人初识越人梅。
> 清香莫把荼藦比，只欠溪头月下杯。
>
> 忆在鄗君旧国傍，马穿修竹忽闻香。
> 偶将眼趁蝴蝶去，隔水深深几树芳。
>
> 曾见竹篱和树夹，高低斜引过柴扉。
> 对门独木危桥上，少妇髻鬟犹戴归。
>
> 此去吾乡二千里，不看素萼两三年。
> 移根种子谁辛苦，上苑偷来值几钱？

皇祐五年（1053）春，诗人在京师监永济仓，见到有人出售梅花，于是作了这么一组诗。第一首写见到梅花的新奇；第二首写林逋"暗香浮动月黄昏"的诗意；第三、四首回忆以前见到梅花的情景；第五首由梅花联想到自己的家乡。这五首诗各有分工，次序井然，首尾呼应，非常完整。值得注意的是，这组诗多达五首，比林逋组诗中的作品数量更多。

梅尧臣的咏梅诗在形式上分为古体诗和近体诗两类，其中古体诗又有五古、七古两类，近体诗又有五律、七律和七绝三类。在梅尧臣的笔下，咏梅诗第一次呈现出古近体并存、诗体多样的特色。

二、对纪实性的重视

由于梅尧臣的诗歌都是按照创作时间逐年逐月排列的，所以其咏梅诗也具有较强的纪实性。如其《郭园梅花（二月一日）》：

> 未逢柳条青，独见梅蕊好。
> 犹怯春风寒，不比江南早。
> 清香拂酒杯，素色欺蓬葆。
> 佳人金缕衣，唱彻嗟身老。

此诗作于嘉祐五年（1060）二月初一，诗人在尚书都官员外郎任上。跟江南相比，开封的春天来得很迟。已经二月了，郭园里的柳树还没有发芽，只有梅花开始绽放。在欣赏梅花的色、香之后，宾主们又一起宴饮。听完歌女演唱的《金缕曲》，诗人的迟暮之感也变得浓重起来。此诗不仅记载了赏梅的全过程，也反映出诗人的暮年心态。在创作此诗两个多月后，梅尧臣就病逝了。

就咏梅诗来说，梅尧臣诗歌的纪实性主要表现为对当时新梅树品种的记载。

其一，对红梅的记述。红梅在唐代已有记载，罗邺、周濆皆有《红梅》诗。北宋前期，晏殊将红梅从苏州移植到开封，于是红梅在北方逐渐传播开来。梅尧臣生活的时代，红梅还比较罕见，所以他多次为其赋诗。梅尧臣咏红梅的诗歌共有五首，如《红梅篇》：

> 昨夜轻雷起风雨，芍药红牙竹栏土。
> 南庭梅花如杏花，东家残朱涂颊酺。
> 萼为裳衣蕊为组，枝为高居干为户。
> 蛱蝶未生蜂未来，赤身掩敛无金缕。
> 终然有子当助傅说羹，落亦不学飞燕皇后回风舞。
> 此意又笑麻姑与王母，勾引何人擘麟脯。
> 是非方朔谩汉武，只知此桃不知语。
> 树不著口数，而今言之已莫补，放我浑丹凤凰羽。

红梅具有杏花一样鲜红的脸颊，如锦衣般鲜亮的花萼，一簇簇开放的花蕊，非常美丽。面对此情此景，诗人不禁惋惜：由于绽放于寒冷的季节，蝴蝶、蜜蜂都无法见识到红梅的风采；当红梅的花瓣飘落之后，"赤身掩敛"没有一丝金缕陪葬。之后，诗人使用相关的历史和传说，赞美了红梅的崇高品格。诗人对红梅的喜爱之情洋溢在整首诗中。此诗之外,《红梅》《吴正仲求红梅接头》《送红梅行之有诗依其韵和》《张圣民席上赋红梅》也都是对红梅的赞歌。

其二,关于新品种——重台梅的描述。梅尧臣之前,未见有关于重台梅的记载。梅尧臣写重台梅的诗歌共有七首。其中作于皇祐五年(1053)的就有《依韵和吴正仲屯田重台梅花诗》《读吴正仲重台梅花诗》《依韵和正仲重台梅花》《正仲往灵济庙观重台梅》四首。结合这些作品看,重台梅在当时仅有一株,长在灵济王庙中。诗人与朋友反复唱和,当是因为这个品种其时还非常新鲜。到了至和二年(1055)以后,诗人再写到重台梅时,已将其名称简为"重梅",有《依韵和吴正仲闻重梅已开见招》《万表臣报山房有重梅花叶又繁诸君往观之》等。如《依韵和吴正仲闻重梅已开见招》:

难开密叶不因寒,谁翦鹅儿短羽攒?
犹是去年惊目艳,不知从此几人观。
重重好蕊重重惜,日日攀枝日日残。
我为病衰方止酒,愿携茶具作清欢。

由此诗可以看出,诗人知道重台梅的存在是皇祐五年(1053),真正看到是在至和元年(1054),到写此诗时是第二次看到重台梅。对于重台梅的外在特征,梅尧臣也在诗中认真加以描述。此外，梅尧臣还有《依韵诸公寻灵济重台梅》，吟咏对象也是重台梅。

强调纪实性是梅尧臣咏梅诗的重要特征，尤其是他对于红梅和重台梅的记述，对我们了解当时的梅花品种有非常重要的意义。

三、与梅的同姓之情

梅尧臣之所以写了那么多的咏梅诗，之所以对梅怀有非常特殊的感情，跟其与梅"同姓"有相当大的关系。其《读吴正仲重台梅花诗》是这样写的：

> 楚梅何多叶，缥蒂攒琼瑰。
> 常惜岁景尽，每先春风开。
> 龙沙雪为友，青女霜作媒。
> 托根迩庙堂，结子助鼎鼐。
> 吴侯本吴人，笔力高崔嵬。
> 但咏同姓木，予非梁栋材。

此诗不仅赞美了梅花不畏霜雪的品质，而且称赞了梅子的调羹功用。然而诗人在最后悲凉地说，自己只能吟咏同姓的梅树，可叹自己却不能像梅那样是栋梁之材。又如《资政王侍郎命赋梅花用芳字》也是如此：

许都二月杏初盛，公府后园梅亦芳。

因思江南花最早，开时不避雪与霜。

主人惜春春未晚，遂命官属携壶觞。

酒行守吏摘花至，素艳紫萼繁于妆。

夭桃秾李不可比，又况无此清淡香。

岂辞尽醉对颜色，频嗅竞黏须蕊黄。

何时结子助调鼎，我心旧职不敢忘。

在这首诗中，诗人不仅记载了自己在王侍郎家赏梅、饮酒并受命赋诗的经历，而且借梅以自比。"何时"二句岂止是咏梅？所谓"我心旧职不敢忘"，分明是自拟，诗人想表达的意思与上首诗中"予非梁栋材"是一致的。再看其《吴正仲求红梅接头》：

君家梅溪上，但见梅花白。

我家家①树红，求枝寄归客。

劘接如交情，本末不相隔。

明年举酒时，醉频生微赤。

在这首诗中，诗人称红梅为自己的"家树"，这与前诗"同

---

① 家，一作"梅"。

姓木"的意思是完全一致的。与此类似的还有《张圣民席上赋红梅》：

> 吾家有嘉树，红蕊开朝雾。
>
> 笑杏少清香，鄙梅①多俗趣。
>
> 江都别乘居，似见句溪圃。
>
> 坐中勿苦疑，结子看春暮。

从以上两首诗看，诗人家中确实种有红梅，所以才有吴正仲向其求枝条嫁接的事情。这首诗中的"吾家有嘉树"有双重含义，除了说明其家确实有红梅的事实，也含有将"同姓木"红梅称为"家树"的意思。

六朝以来，写过咏梅诗的诗人数量众多，但只有梅尧臣与梅"同姓"，而这也大大密切了他与梅之间的关系，成为他写作咏梅诗的内在动力。

尽管林逋的咏梅诗名声很大，生活在其后的梅尧臣却较少受其影响。相对于林逋重视梅的隐逸之美，将其拟化为"处士"形象，梅尧臣则更加重视梅的新品种，并且将其看作自己的"同姓木"，对其怀有非常特殊的感情。

---

① 梅，一作"桃"。

第三节　孤芳忌皎洁——苏轼

林逋、梅尧臣之后，咏梅诗越来越多。以北宋为例，邵雍有15首，刘敞有14首，司马光有9首，王安石有15首，郑獬有23首，而苏轼更是有47首之多。苏轼（1037—1101），字子瞻，号东坡居士，眉州眉山（今属四川）人，嘉祐二年（1057）中进士，仕至翰林学士知制诰。苏轼是北宋最重要的诗人、词人和散文家之一。就咏梅诗而言，苏轼不仅在北宋诗人中作品最多，而且其咏梅诗在某些方面亦呈现出与林逋、梅尧臣不同的鲜明特色。

一、对林逋"疏影横斜"的体认和借梅抒怀的发展

在宋代前期的两位重要咏梅诗人中，梅尧臣重视对梅的外部特征的描摹，这与苏轼"遗貌取神"的主张不合。比较而言，苏轼更倾向于林逋，他学习林逋主要表现在对其"疏影横斜"咏梅方式的体认和借梅抒怀的进一步发展。

发现梅的"疏影横斜"之美，是林逋对咏梅诗的最大贡献，可是在林逋的八首咏梅诗中，写到"疏枝"的仅有三四处。与林逋相比，苏轼写"疏枝"的咏梅诗要多得多。先看其元丰七年（1084）春作于黄州的《和秦太虚梅花》：

西湖处士骨应槁，只有此诗君压倒。

东坡先生心已灰，为爱君诗被花恼。

多情立马待黄昏，残雪消迟月出早。

江头千树春欲暗，竹外一枝斜更好。

孤山山下醉眠处，点缀裙腰纷不扫。

万里春随逐客来，十年花送佳人老。

去年花开我已病，今年对花还草草。

不知风雨卷春归，收拾余香还畀昊。

"西湖处士"林逋已经作古多年，他的作品中只有咏梅诗能够压倒众人。因为喜爱林逋诗，已经心如死灰的"东坡先生"常常被梅花勾起诗兴。在这里，苏轼明确说喜欢林逋诗是自己写作咏梅诗的重要原因。其中"江头千树春欲暗，竹外一枝斜更好"两句，更是对林逋"疏影横斜"咏梅方式的直接继承。此外，苏轼写到梅树疏枝的还有"竹间璀璨出斜枝"（《红梅三首》其三）、"万松岭上一枝开"（《次韵杨公济奉议梅花十首》其三）、"野梅官柳渐敧斜"（《次韵杨公济奉议梅花十首》其五）、"醉看参月半横斜"（《再和杨公济梅花十绝》其十）、"长条半落荔支浦"（《十一月二十六日松风亭下梅花盛开》）、"耿耿独与参横昏"（《再用前韵》）等多处。

林逋发现的"疏影横斜"，经过苏轼的反复渲染，在社会上的影响越来越大，以致于后来成了诗人咏梅最重要的参考。

　　另一方面，林逋的"处士梅"对苏轼借梅抒怀也具有重要的启发意义。林逋将梅花写成处士，使得梅的品格与诗人的品格有机地融合在了一起。在苏轼的咏梅诗中，梅的形象有所削弱，但诗人的主观情志却大大加强了。如元祐四年（1089）正月作于翰林学士任上的《和王晋卿送梅花次韵》：

> 东坡先生未归时，自种来禽与青李。
> 五年不踏江头路，梦逐东风泛苹芷。
> 江梅山杏为谁容？独笑依依临野水。
> 此间风物君未识，花浪翻天雪相激。
> 明年我复在江湖，知君对花三叹息。

　　虽然已经"五年不踏江头路"，但南方的江梅却总是在苏轼的梦中萦绕。正如"女为悦己者容"，没有诗人前往观赏，江梅与山杏还要为谁保持美丽的容颜呢？它们只能面对着野水盈盈含笑。在这里，江梅已经是苏轼的化身，已经成其抒发隐逸情怀的手段，所以他说等到以后归隐江湖的时候，王诜看到梅花就会想到自己，因而会叹息不已。又如元祐六年（1091）春作于杭州知府任上的《谢关景仁送红梅栽二首》：

> 年年芳信负红梅，江畔垂垂又欲开。
> 珍重多情关令尹，直和根拨送春来。

为君栽向南堂下，记取他年著子时。

酸酽不堪调众口，使君风味好攒眉。

　　关景仁送了两株红梅，苏轼非常高兴，写了这两首诗以致谢。其一以叙事为主，作者惋惜自己以前失去了多次观赏红梅的机会，现在关景仁送来整株的红梅，就是把春天送给了自己。此诗主要是交代原委，同时表现出自己的感激之情。其二以抒怀为主，诗人想到以后梅树长大会结出许多梅子，这些酸酸的梅子虽然不合众口，却跟自己一向不合时宜的"风味"非常吻合。可以这样说，苏轼的一些咏梅诗事实上已经变成咏怀诗了。

二、遗貌取神

　　在苏轼的笔下，梅花已不再是一种花木，而是他寄托自己情怀的载体。其现存最早的咏梅诗是元丰二年（1079）所写的一首长达40句的五言古诗——《次韵李公择梅花》。在这首诗中真正写到梅花的只有六句："忽见早梅花，不饮但孤讽"，这是叙写李常写梅花诗的原因；"何人慰流落，嘉花天为种"，这是写梅花能够给流落的李常带来许多安慰；"何当种此花，各抱汉阴瓮"，说自己打算种梅，欲与朋友共享归隐之乐趣。这首咏梅诗竟没有一句写到梅花的外在形象，可能是因为在写作上受到次韵与和答两方面的限制。他有些不受这些限制的作品也很少写到梅的外在形象，如作于元丰三年（1080）贬赴黄州团练副使途中的《梅花二首》：

> 春来幽谷水潺潺，的皪梅花草棘间。
> 一夜东风吹石裂，半随飞雪渡关山。
>
> 何人把酒慰深幽，开自无聊落更愁。
> 幸有清溪三百曲，不辞相送到黄州。

这两首以"梅花"为题的诗歌，写到梅花外在形象的总共只有"的皪"二字，还是一个比较抽象的词。与此同时，梅花被赋予了更多的人情意味。在第一首中，长在草棘的野梅花陪伴着遭受打击的诗人渡越了多重关山；在第二首中，那"开自无聊落更愁"的梅花不正是诗人当时心境的写照吗？苏轼的咏梅诗大多具有这样的特色，又如绍圣元年（1094）作于惠州贬所的《十一月二十六日松风亭下梅花盛开》：

> 春风岭上淮南村，昔年梅花曾断魂①。
> 岂知流落复相见，蛮风蜑雨愁黄昏。

---

① 苏轼自注："予昔赴黄州，春风岭上见梅花，有两绝句。明年正月往岐，亭道中赋诗云：'去年今日关山路，细雨梅花正断魂。'"

长条半落荔支浦，卧树独秀桄榔园。
岂惟幽光留夜色，直恐冷艳排冬温。
松风亭下荆棘里，两株玉蕊明朝暾。
海南仙云娇堕砌，月下缟衣来扣门。
酒醒梦觉起绕树，妙意有在终无言。
先生独饮勿叹息，幸有落月窥清樽。

　　已经58岁的诗人在惠州松风亭下看到梅花盛开，于是，过去在淮南咏梅的往事涌上心头。看到梅花黄昏时伫立在苦风凄雨之中，流落蛮荒之地的诗人顿生惺惺相惜之情。这两株生长于荆棘里的梅树，不光在夜色里留下"幽光"和"冷艳"，白天更显得明艳。诗人夜里梦见梅花仙子前往拜访，醒来更觉梅花亲切，仿佛从中看到了无言的"妙意"。可是在这样一首主要表现梅花精神的诗中，对梅的外貌描写仍然非常少，只有"长条半落""卧树独秀"等少数词语。

　　苏轼的咏梅诗虽然有意忽略了对梅外貌的关注，但更加重视其内在的品格和精神。这可以从其《书鄢陵王主簿所画折枝二首》中得到解释：

论画以形似，见与儿童邻。
赋诗必此诗，定非知诗人。
诗画本一律，天工与清新。

> 边鸾雀写生，赵昌花传神。
>
> 何如此两幅，疏澹含精匀。
>
> 谁言一点红，解寄无边春。

这首诗是题画，但因为"诗画本一律"，自然也可以看作论诗。苏轼将"形似"看作小孩子的见识，显然非常蔑视论画只注重"形似"的做法。他将这一见解运用到咏梅诗写作中，造就了其"遗貌取神"的突出特点。

三、发展了次韵方式和组诗形式

苏轼的咏梅诗在艺术上的成就主要体现为以下两点。

1. 大都采用次韵的创作方式

在咏梅诗中，次韵创作始于唐代陆龟蒙的《奉和袭美行次野梅次韵》，至五代徐铉、徐锴、汤悦三人咏梅唱和，也采用了次韵方式。在苏轼的47首咏梅诗中，采用次韵方式的多达29首，约占总数的62%。这些诗歌可分为两种情况：

第一种，以他人的咏梅诗为次韵对象。这样的作品有《次韵李公择梅花》《次韵陈四雪中赏梅》《和秦太虚梅花》《和王晋卿送梅花次韵》《次韵赵德麟雪中惜梅且饷柑酒三首》《次韵钱穆父王仲至同赏田曹梅花》等八首。如元丰四年（1081）冬作于黄州任上的《次韵陈四雪中赏梅》：

腊酒诗催熟，寒梅雪斗新。

杜陵休叹老，韦曲已先春。

独秀惊凡目，遗英卧逸民。

高歌对三白，迟暮慰安仁。

次韵创作虽然受到很多限制，但对于苏轼这样的大诗人来说，仍然可以摆脱限制写出精美的咏梅作品。值得一提的是，反复次韵的情况在苏轼的咏梅诗中也已经出现。其《次韵杨公济奉议梅花十首》已经是次韵诗了，而《再和杨公济梅花十绝》则是再次次韵创作的结果。

第二种，以自己的咏梅诗为次韵对象。这样的作品仅有一组。绍圣元年（1094）冬，苏轼在惠州贬所写出《十一月二十六日松风亭下梅花盛开》诗后，又以《再用前韵》写出一首次韵诗：

罗浮山下梅花村，玉雪为骨冰为魂。

纷纷初疑月挂树，耿耿独与参横昏。

先生索居江海上，悄如病鹤栖荒园。

天香国艳肯相顾，知我酒熟诗清温。

蓬莱宫中花鸟使，绿衣倒挂扶桑暾①。

---

①　苏轼自注："岭南珍禽有倒挂子，绿毛红啄，如鹦鹉而小，自东海来，非尘埃间物也。"

抱丛窥我方醉卧，故遣啄木先敲门。

麻姑过君急洒扫，鸟能歌舞花能言。

酒醒人散山寂寂，惟有落蕊黏空尊。

无论是以他人的咏梅诗为次韵对象，还是以自己的咏梅诗为次韵对象，二者在创作方式上其实是一致的。

2. 大力发展了组诗的形式

在苏轼之前，虽然已有一些人写作咏梅组诗，但数量都不多，规模一般也较小。苏轼三首以上的咏梅组诗共有四组，即《红梅三首》《忆黄州梅花五绝》《次韵杨公济奉议梅花十首》和《再和杨公济梅花十绝》，共有作品 28 首，约占苏轼咏梅诗总数的 60%。这里举《忆黄州梅花五绝》为例：

邾城山下梅花树，腊月江风好在无。

争似姑山寻绰约，四时常见雪肌肤。

一枝价重万琼琚，直恐姑山雪不如。

尽爱丹铅竞时好，不如风雪养天姝。

虽老于梅心未衰，今朝谁赠楚江枝。

旋倾尊酒临清影，正是吴姬一笑时。

不用相催已白头，一生判却见花羞。

扬州何逊吟情苦，不枉清香与破愁。

玉琢青枝蕊缀金，仙肌不怕苦寒侵。

淮阳城里娟娟月，樊口江边耿耿参。

　　在这组诗中，诗人分别从不同的角度表现出对黄州梅花的眷恋、热爱和回忆。苏轼一共创作了四组规模较大的组诗，这在咏梅诗发展史上是没有先例的。

　　苏轼是北宋最重要的咏梅诗人，他不仅继承林逋"疏影横斜"的咏梅形式和借梅抒怀的言志方式，强调"遗貌取神"，而且作品大都以次韵诗和组诗的形式出现，这对后世产生了深远的影响。黄庭坚《古诗二首上苏子瞻》（其一）云：

江梅有佳实，托根桃李场。

桃李终不言，朝露借恩光。

孤芳忌皎洁，冰雪空自香。

古来和鼎实，此物升庙廊。

岁月坐成晚，烟雨青已黄。

得升桃李盘，以远初见尝。

终然不可口，掷置官道傍。

但使本根在，弃捐果何伤。

在这首诗中，黄庭坚直接用梅来比拟苏轼，尤其是借"孤芳忌皎洁"解释苏轼因反对"新法"而被贬官流放的经历，还是很有说服力的。

第四节　夺尽人工更有香——黄庭坚

在苏轼之后，黄庭坚是又一位重要的咏梅诗人。黄庭坚（1045—1105），字鲁直，号山谷道人，洪州分宁（今江西修水）人。治平四年（1067）中进士，曾修《神宗实录》，仕至起居舍人。黄庭坚是宋代最重要的诗人之一，与苏轼并称"苏黄"。黄庭坚现存31首咏梅诗，其数量在北宋亦仅次于苏轼。在咏梅诗中，黄庭坚不仅着意突出梅花的淡薄寒瘦之美，而且体现出对蜡梅和梅画的重视。

一、突出梅花的淡薄寒瘦之美

在咏梅时努力发掘其淡薄寒瘦之美，这是黄庭坚咏梅诗的突出特点。在咏梅诗创作中，黄庭坚体现出偏重梅花"淡薄"的一面。如《次韵赏梅》：

> 安知宋玉在邻墙，笑立春晴照粉光。
>
> 淡薄似能知我意，幽闲元不为人芳。

微风拂掠生春思，小雨廉纤洗暗妆。

只恐浓葩委泥土，谁今解合返魂香。

此诗作于熙宁元年（1068），是今知黄庭坚创作时间最早的一首咏梅诗。此诗中的梅花虽然美丽，但并不浓艳，而是装束"淡薄"，神态"幽闲"。如果说"淡薄"还可以从花色的浅浅、花瓣的单薄方面来解释，"幽闲"则更多体现出诗人自己的主观情感。又如其元丰五年（1082）所作的《梅花》：

障羞半面依篁竹，随意淡妆窥野塘。

飘泊风尘少滋味，一枝犹傍故人香。

这株生长于野塘竹丛边含羞半面的野梅，不仅是"随意淡妆"，而且"飘泊风尘少滋味"，呈现出一种枯淡之美。诗人笔下装束单薄、神情萧索的梅花，很像一位生活清苦的僧人。他在元祐元年（1086）所作的《出礼部试院王才元惠梅花三种皆妙绝戏答三首》（其二）云：

舍人梅坞无关锁，携酒俗人来未曾。

旧时爱菊陶彭泽，今作梅花树下僧。

由此诗不难看出，黄庭坚之所以把梅写得"兴味萧然似野僧"(王禹偁《清明》),跟他本人深通佛理有很大的关系。正因为如此,黄庭坚的咏梅诗有时具有一定的禅意。

除了"淡薄",黄庭坚有些作品还突出了梅"寒瘦"的特点。元丰元年(1078)二月,黄庭坚写了《丙寅十四首效韦苏州》组诗,其中第六首:

> 江梅香冷淡,开遍未全疏。
>
> 已有耐寒蝶,双飞上花须。
>
> 今夜严城角,肯留花在无。

此诗中的"冷淡",并非仅指梅花的香味,还指花朵本身,所以只有耐寒的蝴蝶双双飞上花须。又如建中靖国元年(1101)所作的《次韵中玉〈早梅〉二首》(其二):

> 折得寒香不露机,小窗斜日两三枝。
>
> 罗帏翠幕深调护,已被游蜂望得知。

将梅花称作"寒香",虽然不算新奇,但有利于突出"早梅"的特征。此外,黄庭坚的咏梅诗中尚有"春功终到岁寒枝"(《李右司以诗送梅花至潞公予虽不接右司想见其人用老杜和元次山诗例次韵》)"孤芳忌皎洁,冰雪空自香"[《古诗二首上苏子瞻》(其一)]等句,都偏重梅"寒"的一面。在有些诗中,诗人还关注梅枝"瘦"的一面。如他于元祐二年（1087）所作的《急雪寄王立之问梅花》：

> 红梅雪里与襄衣，莫遣寒侵鹤膝枝。
>
> 老子此中殊不浅，尚堪何逊作同时。

此诗不仅写红梅被雪覆盖，寒侵肌肤，而且用"鹤膝"一词突出了其枝条寒瘦的特点，非常传神。

"寒"和"瘦"虽然是梅的自然属性，但诗人着意突出这些特征，则跟他倔强不羁的性格和"瘦硬生新"的美学追求有着内在的必然联系。

二、将蜡梅作为吟咏对象

在黄庭坚的咏梅诗中，最有意义的开拓体现为吟咏蜡梅的作品。蜡梅，一作腊梅，本非梅类，第一章在谈到梅的品种时已引用范成大《范村梅谱》的记载予以说明。在现存文献中，最早将"腊梅"写入诗歌的是唐代杜牧，其《正初奉酬歙州刺史邢群》诗中有"腊梅迟见二年花"之句。可是，此处之"腊梅"，到底是"蜡梅"还是指腊月开的梅花，实难判断。此后以至于北宋前期，还有一些诗中写到"腊梅"，亦当作如是观。退一步说，即便这些"腊梅"就是"蜡梅"，所在诗歌也仅仅是写到蜡梅，而并非专咏蜡梅的作品。比较而言，王安国《黄梅花》可以确定是最早的咏蜡梅诗：

> 庾岭开时媚雪霜，梁园春色占中央。
>
> 未容莺过毛先类，已觉蜂归蜡有香。
>
> 弄月似浮金屑水，飘风如舞麹尘场。
>
> 何人剩著栽培力，太液池边想菊裳。

此诗标题下有小序云："熙宁五年壬子馆中作，是时但题曰黄梅花，未有蜡梅之号。至元祐苏、黄在朝，始定名曰蜡梅，盖王才元园中花也。"在此之后，黄庭坚在元祐四年（1089）写出四首以"蜡梅"为题的诗歌，其《戏咏蜡梅二首》①：

> 金蓓锁春寒，恼人香未展。
>
> 虽无桃李颜，风味极不浅。

> 体薰山麝脐，色染蔷薇露。
>
> 披拂不满襟，时有暗香度。

从诗序看，蜡梅之名并非王安国所说的为苏轼、黄庭坚"始

---

① 原注："山谷书此诗后云：'京洛间有一种花，香气似梅花，亦五出，而不能晶明，类女功捻蜡所成，京洛人因谓蜡梅，木身与叶乃类蒴藋。窦高州家有灌丛，能香一园也。'"

定名"，乃是京洛间的俗称。此二诗从"金蓓"和"暗香"两个方面紧扣蜡梅的基本特征。黄庭坚作于同年的作品还有《蜡梅》和《从张仲谋乞蜡梅》两首。黄庭坚在元祐四年（1089）写作蜡梅诗虽然比王安国熙宁五年（1072）写作《黄梅花》迟了十几年，但他一连创作了四首，产生了不可忽视的影响。黄庭坚写作这些作品时，苏轼远在杭州知州任上，未见有所反应。两年后，即元祐六年（1091）冬，苏轼在颍州知州任上写有《蜡梅一首赠赵景贶》：

> 天工点酥作梅花，此有蜡梅禅老家。
> 蜜蜂采花作黄蜡，取蜡为花亦其物。
> 天工变化谁得知，我亦儿嬉作小诗。
> 君不见万松岭上黄千叶，玉蕊檀心两奇绝。
> 醉中不觉渡千山，夜闻梅香失醉眠。
> 归来却梦寻花去，梦里花仙觅奇句。
> 此间风物属诗人，我老不饮当付君。
> 君行适吴我适越，笑指西湖作衣钵。

此诗说蜡梅是"取蜡为花"，又有"黄千叶"，一反苏轼平时咏梅诗"遗貌取神"之特点。赵景贶即赵令畤，初字景贶，签书颍州公事。苏轼知颍州时，为其易字为德麟。其后苏轼所写的《次韵赵德麟雪中惜梅且饷柑酒三首》也是咏蜡梅诗，其三中

"蹀躞娇黄不受鞿"已经点出了蜡梅的颜色。

凭借苏轼、黄庭坚的诗坛盛名，蜡梅也越来越受到诗人关注。不论这些诗人是否知道蜡梅与梅的区别，但将蜡梅作为梅的一种来吟咏已成了常见的现象。

三、推动了梅画诗的发展

随着咏梅诗的不断发展，也出现了专门题咏梅花图画的诗歌。从现有资料看，最早将梅花图画作为诗歌题材的是五代诗人詹敦仁，其《介庵赠古墨梅酬以一篇》云：

> 开屏展素看梅花，淡蕊疏枝蕃蕃斜。
>
> 墨散余香点酥莩，月留残影照窗纱。

作为最早的梅画诗，此诗主要表现一幅墨梅的画意。至北宋元丰八年（1085），苏轼在常州写了题为"王伯敭所藏赵昌花四首"的一组题画诗，其中《梅花》一首云：

> 南行度关山，沙水清练练。
>
> 行人已愁绝，日暮集微霰。
>
> 殷勤小梅花，仿佛吴姬面。
>
> 暗香随我去，回首惊千片。
>
> 至今开画图，老眼凄欲泫。

幽怀不可写，归梦君家倩。

跟詹诗相比，此诗只有"殷勤小梅花，仿佛吴姬面"二句涉及画意，其余各句都是借图画抒写自己的"幽怀"。

在前人的基础上，黄庭坚于崇宁三年（1104）写了两首咏墨梅的诗。第一首是《花光仲仁出秦苏诗卷思两国士不可复见开卷绝叹因花光为我作梅数枝及画烟外远山追少游韵记卷末》：

> 梦蝶真人貌黄槁，篱落逢花须醉倒。
>
> 雅闻花光能画梅，更乞一枝洗烦恼。
>
> 扶持爱梅说道理，自许牛头参已早。
>
> 长眠橘洲风雨寒，今日梅开向谁好。
>
> 何况东坡成古丘，不复龙蛇看挥扫。
>
> 我向湖南更岭南，系船来近花光老。
>
> 叹息斯人不可见，喜我未学霜前草。
>
> 写尽南枝与北枝，更作千峰倚晴昊。

此诗的主要部分是叙写秦观、苏轼已作古，追忆秦观咏梅之往事。在后面几句，黄庭坚才谈到自己与花光的结识经过，其中真正写图画的仅有最后两句，表明图画不仅绘有梅花，而且还有峰峦作为背景。第二首即《题花光老为曾公卷作水边梅》：

> 梅蕊触人意，冒寒开雪花。
>
> 遥怜水风晚，片片点汀沙。

与上首诗不同，此诗主要写画面内容，同时表现自己的喜爱之情。程杰先生说黄庭坚"首开墨梅题咏"，虽然不够精确，但足以揭示出其在咏梅诗发展中的价值。黄庭坚题写梅花图画的诗虽然只有两首，但吟咏的对象都是墨梅，对后世同类作品影响很大，如元代王冕的《墨梅》诗。

黄庭坚的咏梅诗不但在内容上有明显的创新，而且也体现出高深的艺术造诣。其《蜡梅》诗云：

> 天工戏剪百花房，夺尽人工更有香。
>
> 埋玉地中成故物，折枝镜里忆新妆。

此诗不仅写出蜡梅花房的极尽工巧，而且突出了其香气的浓郁。尤其是"夺尽人工更有香"一句，同时涵盖内容题材和艺术技巧两方面的特征，可以作为对黄庭坚咏梅诗的高度概括。

北宋写作咏梅诗的诗人很多，林逋、梅尧臣、苏轼、黄庭坚仅仅是成就比较突出的几位代表。他们的咏梅诗虽然各有特点，但其共同之处也很明显：所咏之梅皆是私家园林或山野之梅，再也没有南朝官梅的富贵气息；诗歌中的艺术和技巧受到越来越多的重视；借梅抒怀成为重要的咏梅模式。

第五章　历代咏梅诗人（中）

南宋时期，咏梅诗人层出不穷。许多诗人爱梅成痴，甚至以"梅"作为自己的字号。如顾逢，字君际，号梅山。他的诗集已经失传，《全宋诗》据《诗渊》辑为一卷，其交游的诗人就有韩梅居、童梅岩、卢梅岩、薛梅坡、赵溪梅五人。不仅如此，南宋还出现了几位以诗咏梅的著名诗人，如张道洽、卢钺等。本章依据现存咏梅诗的数量和特点，选择南宋陆游、刘克庄、宋伯仁、方蒙仲四位最有代表性的诗人来细作分析。

第一节　一树梅花一放翁——陆游

在宋代的咏梅诗人中，陆游的地位非常重要。陆游（1125—1210），字务观，号放翁。因好言抗金，在礼部试中被秦桧除名，直到孝宗朝才被赐进士出身，曾知严州（今浙江建德）。据《全宋诗》统计，陆游的咏梅诗共有 153 首。这个数量，不但远远超过北宋任何一位咏梅诗人，即使与南宋咏梅诗人相比也仅次于方蒙仲。更重要的是，陆游的咏梅诗不仅数量多，而且从多方面呈现出崭新特点。

一、组诗更多，纪实性更强

相对于此前的诗人，陆游的咏梅诗多以组诗的形式出现。仅以三首以上的组诗统计，陆游就有《看梅绝句五首》《梅花四首》《城南寻梅得绝句四首》《江上散步寻梅偶得三绝句》《看梅归马上戏作五首》《梅花绝句十首》《雪后寻梅偶得绝句十首》《梅花绝句十首》《绿梅三首》《春初骤暄一夕梅尽开明日大风花落成积戏作三首》《梅花六首》《梅花五首》《开岁半月湖村梅开无余偶得五诗以烟湿落梅村为韵》《梅花绝句四首》《梅花绝句六首》15 组，共 83 首，超过作品总数的一半。

陆游的咏梅诗数量多，这跟他一生坚持写诗且诗歌总量大有密切关系。其《小饮梅花下作》云：

> 脱巾莫叹发成丝，六十年间万首诗。[①]
> 排日醉过梅落后，通宵吟到雪残时。
> 偶容后死宁非幸，自乞归耕已恨迟。
> 青史满前闲即读，几人为我作蓍龟。

---

① 陆游自注："予自年十七八学作诗，今六十年，得万篇。"

正是由于陆游一生经常作诗，而且诗作大都得以保存下来，使得诗歌能够记录他的出处行藏。就其中的咏梅诗来说也是如此。有些作品不仅清楚地记载了诗人当时的活动，而且对了解该年梅花的开放时间也有很大的帮助。如《庚子正月十八日送梅》：

> 满城桃李争春色，不许梅花不成雪。
> 世间尤物无盛衰，万点萦风愈奇绝。
> 我行柯山眠酒家，初见窗前三四花。
> 恨无壮士挽斗柄，坐令东指催年华。
> 今朝零落已可惜，明日重寻更无迹。
> 情之所钟在我曹，莫倚心肠如铁石。

此诗可分三节，前四句写出陆游于"庚子"，即淳熙七年（1180）正月十八日送梅之事；中四句回忆年前十一月在衢州游柯山时，梅花才刚刚开放，感叹时光飞逝；最后四句回到眼前，看到梅花零落，即便是心如铁石，也难以抑制心头的伤感。此诗不仅记载了陆游正月十八日的"送梅"之举，而且记载了是年梅花开放和凋落的具体时间。这样的作品在陆游的咏梅诗中有很多，如《十二月初一日得梅一枝绝奇戏作长句今年于是四赋此花矣》《荀秀才送蜡梅十枝奇甚为赋此诗》《故蜀别苑在成都西南十五六里梅至多有两大树夭矫若龙相传之梅龙予初至蜀尝为作诗自此岁常访之今复赋一首丁酉十一月也》等。

张大千《一树梅花一放翁》

二、成都梅花与绍兴梅花

陆游的咏梅诗数量很多，但这些作品在地域上有两个最明显的指向——成都和绍兴。陆游在成都生活了八年，遍赏成都周围的梅花，写了很多的咏梅诗。仅以淳熙四年（1177）冬天的作品为例，其中明确指出赏梅地点的就有《江上散步寻梅偶得三绝句》《涟漪亭赏梅》《芳华楼赏梅》《浣花赏梅》《蜀苑赏梅》《城南王氏庄赏梅》等多首。特别是青羊宫里的梅花，因为开花最早，给诗人留下深刻的印象。如《城南寻梅得绝句四首》（其一）：

> 老子今年懒赋诗，风光料理鬓成丝。
> 青羊宫里春来早，初见梅花第一枝。

在诗人的后半生中，他不断地回忆在成都赏梅的经历。如其在《梅花绝句六首》（其二）里这样写道：

> 当年走马锦城西，曾为梅花醉似泥。
> 二十里中香不断，青羊宫到浣花溪。

从青羊宫到浣花溪，梅树连绵不绝，香花绵延二十里，香气郁郁，难怪诗人"曾为梅花醉似泥"了。

绍兴是诗人的家乡，绍兴的梅花承载着诗人思乡的记忆。因此，即使在欣赏成都的梅花时，他也没有忘记家乡的梅花。如《涟漪亭赏梅》：

> 判为梅花倒玉卮，故山幽梦忆疏篱。
> 写真妙绝横窗影，彻骨清寒蘸水枝。
> 苦节雪中逢汉使，高标泽畔见湘累。
> 诗成怯为花拈出，万斛尘襟我自知。

眼前看到的是成都涴漪亭的梅花，可是诗人却不禁想念起
"故山""疏篱"旁边的梅花。诗人一生几次被罢官，晚年主要居
住在家乡绍兴，所以绍兴的梅花也是他诗中重点表现的对象。如
诗人85岁时所作的《梅二首》（其一）：

三十三年举眼非，锦江乐事只成悲。

溪头忽见梅花发，恰似青羊宫里时。

看到家乡溪头的梅花刚刚绽放，老诗人的心绪却又飞到几十
年前，飞到遥远的成都，仿佛看到青羊宫里萼梅花初开的情景。
与此类似的还有《梅花六首》其六：

青羊宫前锦江路，曾为梅花醉十年。

岂知今日寻香处，却是山阴雪夜船。

诗人笔下的梅花，当然并不限于成都和绍兴的梅花，但两地
的梅花无疑是诗人着力表现的对象。特别是那些将成都与绍兴梅
花互举的诗歌，更揭示出诗人对两地梅花的深情。

三、寻梅、观梅与送梅

对于梅花，陆游的情感非常专注。在他的一生中，一直非常
喜爱梅花。如其《梅花绝句十首》（其三）：

> 锦城梅花海，十里香不断。
> 醉帽插花归，银鞍万人看。

陶醉于成都梅花花海中的诗人喝醉了，他骑马回去时将花枝插在帽子上，完全不顾及他人看自己的眼神。又《观梅至花径高端叔解元见寻二首》（其二）云：

> 春暖山中云作堆，放翁艇子出寻梅。
> 不须问讯道傍叟，但觅梅花多处来。

在更多的诗歌中，陆游不仅写出对梅花的喜爱，而且有明显的自比之意。如《梅花》云：

> 家是江南友是兰，水边月底怯新寒。
> 画图省识惊春早，玉笛孤吹怨夜残。
> 冷淡合教闲处著，清臞难遣俗人看。
> 相逢剩作樽前恨，索笑情怀老渐阑。

此诗不仅写出梅的基本品格，而且渲染了其"冷淡""清臞"的一面，这分明是宦居成都的诗人的自身写照。因此，看到梅花，诗人仿佛见到老友，觉得特别亲切。在《梅花五首》（其三）中，诗人甚至认为自己身上有俗气，担心没有资格成为梅的朋友：

欲与梅为友，常忧不称渠。

从今断火食，饮水读仙书。

正因为与梅有着这样密切的关系，所以在陆游的咏梅诗中经常出现"寻梅""观梅"和"送梅"等内容。

先说"寻梅（探梅）"。陆游这方面的作品很多，仅诗题中带有"寻梅""探梅"字样的就有《西郊寻梅》《宇文子友闻予有西郊寻梅诗以诗借观次其韵》《城南寻梅得绝句四首》《江上散步寻梅偶得三绝句》《城南王氏庄寻梅》《雪中寻梅二首》《雪后寻梅偶得绝句十首》《梅花已过闻东村一树盛开特往寻之慨然有感》《探梅》《探梅至东村》《与子坦子聿元敏犯寒至东园寻梅》《探梅》《湖山寻梅二首》等几十首。特别值得注意的是《与子坦子聿元敏犯寒至东园寻梅》：

北风吹人身欲僵，老翁畏冷昼闭房。

梅花忽报消息动，意气山立非复常。

二儿一孙奉此老，瘦藤夭矫凌风霜。

幽禽白颊忽满树，似与我辈争翱翔。

沟绝无声冻地裂，耿耿寒日青无光。

归来相视不得语，小榼一写鹅儿黄。

已经老迈的诗人越来越怕冷，可是听说东园的梅花开了，却执意前往。无奈之下，两个儿子和一个孙子只好陪着他前往。满树的梅花虽然开得生机勃勃，可是看花归来的诗人及其子孙却冻得说不出话来，赶紧借黄酒来取暖。

再说"观梅（看梅、赏梅）"。这样的作品更多，仅诗题中带有"观梅""看梅"和"赏梅"字样的就有《看梅绝句五首》《平明出小东门观梅》《涟漪亭赏梅》《芳华楼赏梅》《浣花赏梅》《蜀苑赏梅》《宿龙华山中既然无一人方丈前梅花盛开月下独观至中夜》《看梅归马上戏作五首》《道上见梅花》《园中赏梅二首》《樊江观梅》《山亭观梅》《射的山观梅二首》《观梅至花径高端叔解元见寻二首》《灯下看梅》《南园观梅》《东园观梅》等几十首。此外，还有很多作品虽然诗题中没有"观梅"字样，但显然属于此类。如《古梅》：

> 梅花吐幽香，百卉皆可屏。
> 一朝见古梅，梅亦堕凡境。
> 重叠碧藓晕，夭矫苍虬枝。
> 谁汲古涧水，养此尘外姿。

此诗虽然没有太多新意，但诗人将古梅与一般的梅相比，从而更好地突出了古梅夭矫苍劲的特点。

最后说"送梅（别梅）"。从诗题看，这样的作品不如前面两类多，主要有《小饮落梅下戏作送梅一首》《谢演师送梅二首》

《庚子正月十八日送梅》《别梅》等几首。不过在其他诗歌中，也有一些送梅之作。如《梅花绝句十首》（其十）：

> 今年真负此花时，醉帽何曾插一枝。
> 渐老情怀多作恶，不堪还作送梅诗。①

因为辜负了梅花，诗人的心情很差，他甚至觉得今年已经没有资格写送梅诗了。又如《春初骤暄一夕梅尽开明日大风花落成积戏作三首》（其二）：

> 残梅零落不禁吹，真是无花空折枝。
> 堪笑老人风味减，三年不作送梅诗。②

"寻梅""观梅"在一年内皆可以重复活动，"送梅"则似乎只能一年一次。虽然"往岁多有送梅之作"，但随着年龄的增加，诗人越来越不忍心看到梅花的飘零，于是"阁笔已累年"，也就无心再去写送梅诗了。

"寻梅""观梅"和"送梅"，不仅记载了诗人每年的"梅事"活动，而且承载了他的喜怒哀乐。

---

① 陆游自注："去年在成都，曾赋诗送梅。"
② 陆游自注："予往岁多有送梅之作，今阁笔已累年。"

陆游对梅花的感情非常深厚。他在诗中这样说："我与梅花有旧盟，即今白发未忘情"［《梅花（临川道中见梅数树憔悴特甚）》］，"与梅岁岁有幽期，忘却如今两鬓丝"（《山亭观梅》）。在一定程度上，诗人已经将自己与梅花融为一体，至少已经是志同道合的朋友了。其《梅花绝句六首》（其三）云：

> 闻道梅花坼晓风，雪堆遍满四山中。
>
> 何方可化身千亿，一树梅花一放翁。

"一树梅花一放翁"，有梅花的地方就有陆游，也就有陆游写的咏梅诗。陆游用自己的生命热爱梅花，也用自己的热情写出了众多的咏梅诗。

第二节　唤作花王应不恭——刘克庄

随着"十咏"之类的咏梅诗越来越多，南宋后期进一步出现了以"百咏"为单位的咏梅诗，刘克庄的《百梅诗》是其中最重要的代表。刘克庄（1187—1269），字潜夫，号后村，莆田（今属福建）人。嘉定二年（1210）以恩荫入仕，淳祐六年（1246）赐同进士出身。仕至工部尚书，兼侍读。刘克庄是南宋后期的重要诗人。《百梅诗》作于淳祐十年（1250），作者时年64岁。关于其写作原因，作者自跋云：

> 石塘二林，寒斋子也。长名同，次名合，各以梅绝句示余。喜其后生有志，为作百首。既成，有示余以前辈李伯玉百咏者，客诵而余听之，如汉宫洞箫，梨园羯鼓，居然协律，观余所作樵歌牧笛尔。惜其太脂粉，望简斋便自邈然。余妍词巧思，不及李远甚，特未知使简斋见之，以为何如尔。若李之下字清新，用事精切，音节流丽，有二宋、王仲至、晏叔原之风，近世惟姜尧章似之，则有不可掩者。异日得暇，当效李体别课百首。李公名缜，云龛之子也，自号万如居士。朱晦庵铭其墓，称其有文十卷，梅百咏。后村翁书。

从这段文字可以清楚地看出，"百咏"梅诗并非刘克庄的首创，而是始于之前的李缜。刘克庄写作《百梅诗》时尚不知道李缜的"百咏"，而是为了和答"石塘二林"，所以第一叠名为《梅花十绝答石塘二林》。但这十首诗仅仅是引子，至于其余的作品，都是作者借梅抒怀的结果，跟"石塘二林"的关系已经不大了。

一、反复叠加的独特方式

从外在形式看，《百梅诗》最大的特点是以十首为一组，然后反复叠加，一而再，再而三，以至于十。《百梅诗》由十组构成，每组十首。第一组为《梅花十绝答石塘二林》，其后依次为

《二叠》《三叠》《四叠》《五叠》《六叠》《七叠》《八叠》《九叠》和《十叠》。遗憾的是，《百梅诗》今已残缺，《四叠》仅存前七首，《八叠》仅存第五至十首和第四首的最后一句，《五叠》《六叠》《七叠》则全部失传。

“叠”最初是音乐术语，用在诗歌中，一叠大抵相当于一段。对宋人来说，“叠”字主要有两方面的含义：一方面，指诗句的重叠。苏轼在解释《阳关三叠》（即王维《送元二使安西》）的演唱方式时说：

旧传《阳关三叠》，然今世歌者，每句再叠而已。若通一首言之，又是四叠。皆非是。若每句三唱，以应三叠之说，则丛然无复节奏。余在密州，有文勋长官以事至密，自云得古本《阳关》，其声婉转凄断，不类向之所闻，每句皆再唱，而第一句不叠，乃知古本“三叠”盖如此。及在黄州，偶读乐天《对酒》诗云：“相逢且莫推辞醉，听唱阳关第四声。（注：第四声，劝君更尽一杯酒）”以此验之，若第一句叠，则此句为第五声矣。今为第四声，则第一句不叠，审矣。

虽然苏轼的辩解不可谓无据，可是他也指出宋代演唱《阳关三叠》时有两种方式，或“每句再叠”，即演唱两遍；或“每句三唱”，即演唱三遍。两遍也好，三遍也好，都是对王维原诗的反复演唱。表现在诗歌创作上，也是如此。宋代邢居实的《秋风三叠寄秦少游》即由长短相近的三段组成的一首长诗。另一方面，"叠"即叠韵，也是次韵。如郭祥正《青山续集》卷二有《寄题留二君仪田园棋石亭叠韵二首》，二诗用韵完全相同，可知此处叠韵即次韵的意思。又如陈棣《蒙隐集》卷一有《春日杂兴五首》，其下又有《叠韵春日杂兴五首》，全是以前面五首诗为基础次韵写成的。

值得指出的是，《百梅诗》分为十叠，但每叠并非一段，也并非一首，而是由十首诗组成。这是非常奇特的。同时，《百梅诗》的各叠也没有采用宋人最擅长、刘克庄本人也非常擅长的次韵方式。如以下三首：

《梅花十绝答石塘二林》其十
翁与梅花即主宾，月中缟袂对乌巾。
不知卫玠何为者，举世推他作玉人。

《二叠》其十
锦囊玉笛昔追从，度曲联诗雪月中。
老对梅花无意味，欠诗欠笛欠花翁。

《三叠》其十
早知粉黛非真色，晚觉雕镌损自然。
天巧千林均一气，人痴一叶费三年。

在三组诗中，这三首诗所处的位置相同，都是最后一首，可它们的用韵却是不同的。以平水韵衡量，第一首的韵脚都属于上平声十一真韵，第二首属于上平声一东韵，最后一首属于下平声一先韵，韵部已然不同，当然谈不上次韵的问题。考察《百梅诗》现存的所有作品，都不存在次韵的情况。

每叠由十首组成，各叠之间在意义上虽然相关，但在用韵上并没有多少关系，使得《百梅诗》在形式上显得非常独特。可以想见，如果没有对梅花的热爱，刘克庄就不会有计划地写出这么多的《百梅诗》来。

二、对梅的赞美达到无以复加的程度

相对于前人，刘克庄对梅的赞美达到了无以复加的程度。这在《百梅诗》中主要表现为三个方面。

其一，通常将梅花与其他著名的花木相比，以突出其崇高的地位。如《二叠》其八：

> 看来天地萃精英，占断人间一味清。
> 唤作花王应不恭，未应但作水仙兄。

此诗说梅花的"清"为天地间所独有，不仅水仙没有资格与梅"称兄道弟"，即便是将梅称作"花王"，也不足以表现出诗人心目中的仰慕之情。对于水仙，黄庭坚曾有《王充道送水仙花五十枝欣然会心为之作咏》专门赞美，其中有"山矾是弟梅是兄"
之句，即将水仙与梅、山矾一起看作兄弟。到了刘克庄这里，水
仙的地位明显下降，而梅的地位达到极点。又如《十叠》其八：

> 天子封松作某官，相君复报竹平安。
>
> 梅花一点无沾惹，三友中间独岁寒。

大约从南宋初年开始，梅与松、竹一起并称"岁寒三友"。
可是在刘克庄的这首诗中，松与竹皆受到皇帝或丞相的援引，只
有梅花独立无援，却能在严寒中绽放出美丽的花朵。

其二，通过与美人或贤士相比，以突出梅的品质。如《二
叠》其二：

> 生在荒山野水傍，可曾倚市更窥墙。
>
> 幽妍丑杀施朱女，高洁贤于傅粉郎。

诗人不但说梅"幽妍丑杀施朱女"，而且说其"高洁贤于傅
粉郎"，这明显是以美人、贤士来反衬梅的高贵品质。又如《九
叠》其六：

> 国色名花俱绝代，玉人甘后本双身。
>
> 劝君薄薄施朱粉，莫遣名花妒玉人。

"甘后"指三国时蜀主刘备的夫人甘梅，即后主刘禅之母。河间王献三尺玉人，刘备将其置于甘夫人之侧，经常拥甘夫人而玩玉人。此诗借用"甘后"的名字，将梅与人合写，称其"绝代"。最后说梅亦即甘夫人"薄施朱粉"，比刘备赏玩不置的"玉人"更有魅力。

其三，直接借梅的特性赞美其品格。如《四叠》其四：

抹涂元不加真色，凋谢犹当易美名。
天下断无西子白，古来惟有伯夷清。

诗人说绘画出来的梅花总不如"真色"，即便是凋谢也可以换来美名。梅花既像西施一样天下绝色，又像在首阳山采薇为生的伯夷一样风清骨峻。又如《八叠》其七：

典型堪受百花朝，风致宜为万世标。
啮雪节刚难居膝，拈花法妙愿埋腰。

此诗不但刻画了梅不畏严寒的"节刚"，更通过"百花朝""万世标"这样极端的词语把对梅的赞美提高到空前的高度。

通过以上三种方式，刘克庄从不同的角度大力赞美梅花，而且把赞美的基调提高到前所未有的高度。

三、大量使用各种典故

在刘克庄之前，诗人咏梅时并不排斥典故，但写来写去，不过调鼎、止渴、庾岭等少量几个而已。跟这些作品相比，刘克庄的《百梅诗》大量使用各种不同的典故。这可以分为三种情况：

第一种，个别典故原本就是关于梅花的典故。如《梅花十绝答石塘二林》其二：

> 东邻安得与渠白，西域何曾有许香。
> 苏二聪明真道著，杏花恐不敢承当。

此诗句句皆有出处。"东邻"句出自宋玉的《登徒子好色赋》，表现了梅花的色彩；"西域"句出自《晋书·贾充传》，表现了梅花的香气；后两句均用苏轼的典故，赞美梅花超拔于桃、李的高格。"苏二"即苏轼，其《洗儿》诗云："人皆养子望聪明，我被聪明误一生。"又《诗林广记》后集卷九载："王晋卿云：'和靖疏影暗香之句，杏与桃李皆可用也。'东坡云：'可则可，但恐杏花、桃李不敢承当耳。'"在这四个典故中，毕竟有一个关于梅花的典故，这是非常难得的。

第二种，个别典故原来跟梅花关系不大。相对于上一首，有的诗虽然不能说句句有出处，涉及的人、事更多，但原来跟梅花的关系并不大。如《二叠》其五：

环子丽华皆巳美，谪仙狎客两堪悲。

悬知千载难澌洗，留下沉香结绮诗。

首句中的"环子"指唐玄宗的贵妃杨玉环，"丽华"指陈后主的贵妃张丽华，都是古代著名的美人；第二句中的"谪仙"指唐代诗人李白，"狎客"指南朝诗人江总等。最后一句中的"沉香"指沉香亭，是唐玄宗与杨贵妃居处的亭子；"结绮"指结绮阁，是陈后主为张贵妃建立的楼阁。这些典故，原本跟梅花都无关系，可是在苏轼那里，"结绮"已用在咏梅诗中了。苏轼的《次韵杨公济奉议梅花十首》其四：

月地云阶漫一尊，玉奴终不负东昏。

临春结绮荒荆棘，谁信幽香是返魂。

第三种，所有的典故均与梅花无关。如《三叠》其一：

唐时才子总能诗，张祜轻狂李益痴。

管甚三姨偷玉笛，诳他小玉写乌丝。

此诗首句是概括性叙述，不算用典；第二句中的张祜、李益都是唐代重要的诗人，跟首句呼应。第三句出自乐史《杨太真外传》：

（天宝）五载七月，妃子以妒悍忤旨。乘单车，令高力士送还杨铦宅。及亭午，上思之不食，举动发怒。力士探旨，奏请载还……七载，加（杨）钊御史大夫，权京兆尹，赐名国忠。封大姨为韩国夫人，三姨为虢国夫人，八姨为秦国夫人，同日拜命，皆月给钱十万，为脂粉之资……九载二月，上旧置五王帐，长枕大被，与兄弟共处其间。妃子无何窃宁王紫玉笛吹，故诗人张祜诗曰："梨花静院无人见，闲把宁王玉笛吹。"因此又忤旨，放出。

对于皇宫中的事情，张祜竟然写诗加以调笑，所以刘克庄说他"轻狂"。最后一句出自蒋防《霍小玉传》，霍小玉许身李益后，恐怕李变心，于是"出越姬乌丝栏素段三尺"请李盟誓，李"援笔成章，引谕山河，指诚日月，句句恳切，闻之动人"。虽然小说中的李益与历史上的诗人李益会有许多差别，但古人常常将他们混为一谈。李益为霍小玉的美色所陶醉，欣然盟誓，完全没考虑日后的困难，所以刘克庄说他"痴"。这些典故都跟梅花毫无关系，可是刘克庄却用来赞美梅花，说梅花不仅适合用笛子吟唱，而且适合用诗歌来题咏。

从以上分析可以看出，大量使用典故是刘克庄《百梅诗》的突出特点。这些典故，仅有少量原本与梅花有关，大多数与梅花毫无关系，但经过刘克庄的妙笔点染，都成了梅花赞歌的有机组成部分。

除了《百梅诗》，刘克庄还有 52 首咏梅诗，但影响最大的还是《百梅诗》。组诗一出，就掀起了一个和答的高潮，仅莆田一地就有二十多人以诗和之。即便是在后世，刘克庄的《百梅诗》亦产生了深远的影响。

第三节　喜为梅花作神谱——宋伯仁

宋伯仁的《梅花喜神谱》是一部画谱，有画 100 幅，每幅配题名及诗。一方面为初学画梅者提供摹板；另一方面供博雅君子鉴赏悦情。宋伯仁（1199—?）字器之，号雪岩，湖州（今属浙江）人。曾举宏词科，沉沦下僚。宋伯仁酷爱梅花，曾在自己家里大量栽植，并且筑亭相对，日夜赏玩，故不仅将梅之形态烂熟于心，而且得其中所蕴之精神。

一、借鉴墨梅技法，表现花期的不同阶段

为梅作"谱"，大致有两种情况：一类从绘画的角度探讨画梅的技巧，如宋代花光和尚的《华光梅谱》和元代王冕的《梅谱》。另一类则从种植的角度介绍梅的种类，如宋代范成大的《范村梅谱》。《华光梅谱》中只有"十种"一条涉及梅花的种类：

其法有枯梅、新梅、繁梅、山梅、疏梅、野梅、官梅、江梅、园梅、盘梅，其木不同，不可无别也。诗云："十种梅花木，须凭墨色分。莫令无辨别，写作一般春。"

从今天的观点来看，这里的分类很不科学，但总算涉及了梅花的一些品种。比较而言，其"九变"一条对梅花的花开花落表现得更为具体：

其法一丁而蓓蕾，蓓蕾而萼，萼而渐开，渐开而半拆，半拆而正放，正放而烂漫，烂漫而半谢，半谢而荐酸。诗曰："九变如终始，从丁次第开。正开还识谢，飘落委苍苔。"

《梅花喜神谱》虽以"谱"为名，但以枝为单位，表现的正是梅花不同阶段的精神面貌。全集共分为"蓓蕾四枝""小蕊一十六枝""大蕊八枝""欲开八枝""大开一十四枝""烂熳二十八枝""欲谢一十六枝""就实六枝"八个部分。将其与《华光梅谱》中的"九变"一条比较，虽然有许多差别，但其主要过程是一致的。不仅如此，在每一个阶段中，宋伯仁还细腻地表现出其具体变化。如《蓓蕾四枝》：

麦眼

南枝发岐颖，崆峒占岁登。

当思汉光武，一饭能中兴。

柳眼

静看隋堤人，纷纷几荣辱。

蛮腰休逞妍，所见元非俗。

椒眼

献颂侈春朝，争期千岁寿。

凌寒傲岁时，自与冰霜久。

蟹眼

爬沙走江海，惯识风波恶。

东君为主张，显戮逃砧镬。

在蓓蕾阶段，按照花蕾的从小到大又可以分为几个不同的阶段。在宋伯仁看来，应该是一个从"麦眼"到"柳眼""椒眼"再到"蟹眼"的过程。这样的分别，不仅受到花光墨梅画法的启发，而且可能对后世的墨梅绘画也产生了积极的影响。元代王冕《梅谱·墨梅指论》云：

夫梢有弓梢、鹿角、斗柄、鼠尾、鹤膝、海棠、鹰爪、荆棘等梢势。要掺现俱分左右，且如弓梢斜上，横来一梢谓之弦梢，两边小梢谓之箭，此弓梢也。鹿角，朝上多用梢干相朝是也。蜂腰，梢头尾分枝是也。鹤膝，梢一上一下是也，翘空而发是也。斗柄，梢象斗发，枝多向左边是也。鼠尾，斜上发枝，垂下带直是也。鹰爪，梢乃短梢，就曲分枝是也。海棠，无。荆棘，梢无萼。其余小梢，视一时之兴，自有妙处，不能备述也。

花开五出，各以名兴：萌芽、柳眼、麦眼、椒眼、虾眼、蓓蕾。正为古老，背为枯髅、髑髅、孩儿头、女子面、丫头、鹿唇、兔唇、傀儡、蜂儿、蝴蝶、仙人捧镜、状元结巾、浥露、顶雪、吹香。正背偏则向阳正半，半背正偏，阴阳临风，侧向照水，粉蕊弄香，攒三簇四，或上或下，正开花蕊，各须分晓，繁而不乱，有前有后。

此述梅之真趣尽矣，后学君子当熟玩之，何患不成纵横自然？故述此以助好事者云。

王冕所说的"柳眼""麦眼""椒眼""虾眼"虽然跟宋伯仁诗歌中几个标题的顺序不同，具体名称也有所区别，但二者在根本上是一致的。此外，王冕所说的"兔唇""顶雪"也是宋伯仁诗歌的标题名称。值得指出的是，大约与宋伯仁同时或略后的张至龙写有《梅花十咏》，具体分为《梅梢》《蓓蕾》《欲开》《半开》《全开》《欲谢》《半谢》《全谢》《小实》《大实》十个小标题，也是按照梅花开谢的顺序来写的。

二、忽略外貌，专写梅花之精神

《梅花喜神谱》虽以"谱"为名，但诗人不仅不关注不同品种的特点和彼此之间的差别，而且有意排斥具体形态的描写，反而将比拟的对象作为突出的重点。如在前面所引的《蓓蕾四枝》中，《麦眼》所写是麦子，赞美麦子的"中兴"之功；《柳眼》所写全是柳，表现的是柳的"非俗"；《蟹眼》所写是蟹，突出的是蟹对"风波恶"的体悟。三者似乎都和梅没有直接关系，但其对麦、柳、蟹的赞美，其实都是对梅的精神的写照。比较而言，《椒眼》虽然前两句照应椒的特点，后两句所说"凌寒傲岁"显然是梅的精神，而与椒没有多少关系。再就其余作品看，也是如此。如《欲开八枝·寒缸吐焰》：

> 灯火迫新凉，志士功名重。
> 十年窗下愁，会见金莲宠。

此诗中欲开的梅枝，像寒夜中的灯火，激励着有志气的年轻人刻苦读书，想象自己将来也能获得皇帝用金莲烛送苏轼的那种恩宠。又如《大开一十四枝·颦眉》：

> 西施无限愁，后人何必效。
> 只好笑呵呵，不损红妆貌。

盛开的一枝红梅，正如颦眉的西施楚楚动人。虽然西施生前有无限愁绪，但后人又何必效其愁苦呢？即使呵呵一笑也不损其美丽的容貌啊！再如《欲谢一十六枝·顶雪》：

> 縢六雨天花，南枝香斗白。
> 琼玉两模糊，冷笑从君索。

在漫天飞雪中，即将凋谢的一枝梅花并不觉得凄楚，它面带着冷笑，还在努力地与雪花争白斗香。即使在凋谢之后，长出的梅子仍然具有高贵的精神品质。如《就实六枝·橘中四皓》：

> 羽翼汉家了，忘形天地间。
> 个中有真乐，奚必拘商山。

这一枝梅子，大约只有四个果实，且已经长成橘子的模样，所以诗人形象化地将其比拟为"橘中四皓"。此诗借用"商山四皓"的典故，不仅赞美了梅的"羽翼汉家"之功，而且突出了其"忘形天地间"的隐逸之乐。

从以上分析可以看出，无论是写蓓蕾、小蕊、大蕊，还是欲开、大开、烂熳之花，甚至是写落花后结的梅子，作者都很少关注其外部形态，而着重表现其精神。

三、自我陈说，解释宋代咏梅诗繁荣之原因

宋伯仁的《梅花喜神谱》虽然以"谱"为名，但其所"谱"的并不是梅的品种，更不是梅的形态，而是梅的精神。那么，宋伯仁为什么会写这么多咏梅诗？又为什么专写梅之精神呢？对于这一点，作者在《自序》中说得很清楚：

余有梅癖，辟圃以栽，筑亭以对，刊《清臞集》以咏。每于梅犹，有未能尽花之趣为慊，得非广平公以铁石心肠赋未尽梅花事，而拳拳属意于云仍者乎？余于花放之时，满肝清霜，满肩寒月，不厌细，徘徊于竹篱茅屋边，嗅蕊吹英，接香嚼粉，谛玩梅花之低昂俯仰，分合卷舒。其态度冷冷然清奇俊古，红尘事无一点相着，何异孤竹二子、商山四皓、竹溪六逸、饮中八仙、洛阳九老、瀛洲十八学士，放浪形骸之外，如不食烟火食人。又与《桃花赋》《牡丹赋》所述形似，天壤不侔。余于是考其自甲而芳、由荣而悴，图写花之状貌，得二百余品。久而删其具体而微者，止留一百品，各各其所肖，并题以古律，以《梅花谱》目之。其实写梅之喜神耳，如牡丹、竹、菊有谱，则可谓之谱。今非其谱也，余欲与好梅之士共之。偕刊诸梓，以闲工夫作闲事业，于世道何补，徒重覆瓿之讥。虽然，岂无同心君子于梅未花时，闲一披阅，则孤山横斜，扬州寂寞，可仿佛于胸襟，庶无一日不见梅花，亦终身不忘梅花之意。兹非为墨梅设，墨梅自有花

光仁老、杨补之家法，非余所能。客有笑者曰："是花也，藏白收香，黄傅红绽，可以止三军渴，可以调金鼎羹。此书之作，岂不能动爱君忧国之士，出欲将，入欲相，垂绅正笏，措天下于泰山之安。今着意于'雪后园林才半树，水边篱落忽横枝'，止为冻吟之计，何其舍本而就末？"余起而谢曰："谱尾有《商鼎催羹》，亦兹意也。"客抵掌而喜曰："如是，则谱不徒作，未可谓闲工夫做闲事业、无补于世道，宜广其传。"敢并及之，以俟来者。雪岩耕田夫宋伯仁敬书。

正因为宋伯仁"有梅癖"，所以才会"辟圃以栽，筑亭以对"，才能日夜"徘徊于竹篱茅屋边"，才能体会出梅"态度冷冷然清奇俊古，红尘事无一点相着"之特质，才能"图写花之状貌，得二百余品"，后来他又"删其具体而微者，止留一百品"。宋代，特别是南宋，像宋伯仁这样的梅痴很多，他们种梅、赏梅、画梅、咏梅，一生与梅做伴。因此，作为一个个案，宋伯仁的《自序》不仅可以解释《梅花喜神谱》的创作原因，而且有利于解释宋代咏梅的繁荣及其主要特点的形成。

总之，宋伯仁的《梅花喜神谱》非常独特。虽然以"谱"为名，但所"谱"并非梅之品种，也非梅之形态，而是梅花从蓓蕾到结果的过程，即"写梅之喜神"。

第四节　继往开来树典型——方蒙仲

在两宋的咏梅诗人中，方蒙仲的作品数量最多。方蒙仲
（1214—1261），名澄孙，以字行，号乌山，侯官（今福建福州）
人。淳祐七年（1247）进士，仕至秘书丞。据《全宋诗》所辑，
方蒙仲今存咏梅诗 178 首。那么，方蒙仲的咏梅诗有什么特征呢？

一、多方面展现梅的类别和形态

对于梅的类别，前人已从不同的方面加以吟咏。跟这些作品
比较，方蒙仲对梅的介绍更加全面而具体。

其一，方蒙仲具体展现了梅的不同品种。在他的笔下，描写
不同品种的梅花有《早梅》《红梅》《消梅》《绿萼梅》《鸳鸯
梅》《层梅》《黄香梅》等。如《黄香梅》：

> 香清还耐久，粲粲镂金葩。
> 想见蜂为蜡，单方彩此花。

黄香梅的花瓣呈淡黄色，花期较其余的品种迟而长。此诗前
两句扣住黄香梅这两方面的特点，后两句则想象蜜蜂专采此花，
从而表现出诗人对此种梅花的偏爱。

其二，诗人还根据生长地对梅进行分类。这样的作品有《孤山梅》《溪桥梅》《隔溪梅》《庾岭梅》《罗浮梅》《西湖梅》《前村梅》《江路梅》《亭前梅》《寄驿梅》《隔墙梅》《墙角梅》等。如《墙角梅》：

> 整整复敧敧，微微褪玉肌。
> 娇羞说不尽，露下月低时。

这株生长在墙角的梅树，花朵已经开始褪色。无论是在明亮的月光下，还是在严寒的霜露中，这株梅像一位娇羞的美女，虽然饱含深情，却始终默默无语。

其三，诗人还有意表现出梅的不同形态。有的作品表现梅的开放程度。如《旋开梅》《半开梅》《盛开梅》。有的作品则更加重视梅的生活状态。如《宜月梅》《宜霜梅》《宜雪梅》《雪花梅》《雨中梅》等。如《雨中梅》：

> 瑶妃一念差，谪堕人间世。
> 琼阙未忘情，时带盈盈泪。

天上的瑶妃因为一念之差被贬谪人间，变成了美丽的梅花。由于无法忘情于天上的琼楼玉宇，所以脸上总是带着盈盈的泪水。诗人把雨中的梅花比作流泪的美人，写得非常感人。

就这样，诗人从不同的方面，不仅介绍梅的品种，而且根据生长地和生活状态的不同对梅的形态进行了刻画。

二、开创"以诗句咏梅"

在方蒙仲现存的咏梅诗中，最有新意的是那些"以诗句咏梅"的作品，共有46首之多。作为标题的诗句大都出自前人的咏梅诗。这些诗歌有以下两个特点：

其一，紧扣诗句的含义。以前人诗句作为诗题，这样的作品最早出现在六朝。如晋代傅玄有《青青河边草》一诗，题目出自东汉蔡邕的《饮马长城窟》。在唐宋时期，受到分题、分韵创作的影响，以前人诗句（或文句）为诗题的现象普遍存在。可是，这样的创作方式在咏梅诗中很少出现。从这个意义上说，方蒙仲的这类作品具有明显的创新意义。在"以诗句咏梅"中，方蒙仲紧紧扣住原来诗句的含义，如《残雪消迟月出早》：

自嫌太奇绝，混以雪和月。

却有一味香，教人细分别。

此诗诗题出自苏轼的《和秦太虚梅花》。方蒙仲不仅在诗中扣住"残雪"和"月出"的情景，他还利用这个背景突出了梅与雪、月的不同——独特的清香。又如《未将梅蕊惊愁眼》：

只言梅信末，不奈此愁何。

莫待一枝折，撩人愁更多。

此诗诗题出自杜甫《十二月一日三首》，本是一个虚写的句子，内容很难捉摸。因此，方蒙仲的诗也是虚写。虽然还没有梅信，就已经令人生愁；要是到了梅花堪折的时候，愁绪就会更多了。以上两诗可以代表这类诗歌的基本特色。

其二，诗题的出处并不广泛。这 46 首诗的 46 个标题，就是 46 个七言诗句。除了"林中笑破冰霜面""疏枝的皪尊前影"两句无考外，其余的 44 个诗句集中出自五位诗人笔下。其具体分布是这样的：其中出自苏轼的诗句最多，有 16 句；其次是朱熹、黄庭坚和林逋，分别有十句、九句和六句；出自杜甫的诗句最少，仅有三句。而且，这些诗句涉及的诗歌也不多，出自以上五人的 22 首诗。其中有些诗歌甚至有一半的诗句成为方蒙仲的诗题，如苏轼的《和秦太虚梅花》（上章已引出）总共 16 句，其中"多情""残雪""江头""竹外""孤山""点缀""万里""十年"八句都成为方蒙仲的诗题，占全部诗句的一半。又如朱熹的《次韵刘秀野前村梅》：

玉立寒烟寂寞滨，仙姿潇洒净无尘。

千林摇落今如许，一树横斜独可人。

真与雪霜娱晚景，任从桃柳殿残春。

绿阴青子明年事，众口惊嗟鼎味新。

　　此诗仅有八句，其中"绿阴""一树""玉立""真与"四句都成为方蒙仲的诗题，亦占全部诗句的一半。

　　成为方蒙仲诗题的这些诗句，大都出自前人的咏梅诗，如上面提到的苏轼《和秦太虚梅花》和朱熹《次韵刘秀野前村梅》，但也有一些诗句虽然写梅，并非出自前人的咏梅诗。这在出自杜甫的三个诗句中表现得最为突出："山意冲寒欲放梅"出自《小至》，"冷蕊疏枝半不禁"出自《舍弟观赴蓝田取妻子到江陵喜寄三首》，"未将梅蕊惊愁眼"出自《十二月一日三首》。这些原本都不是咏梅诗，最为独特的是"及早归来带雪看"一题，出自林逋《送易从师游金华》：

吟卷田衣岁向残，孤舟夜泊大江寒。
前岩数本长松色，及早归来带雪看。

　　不难看出，"及早"原是写松的诗句，跟梅并无关系。可是在方蒙仲的笔下，却成了咏梅的佳句：

南州雪易消，得春却差早。
到处有梅花，不如在家好。

此诗前两句体现出"及早归来"之意，后两句专写在家乡"带雪看"梅花的乐趣。这样的做法，虽然说属于断章取义，但诗歌的内容跟诗题还是一致的。

三、《和刘后村梅花百咏》中梅花形象的丰富性

刘克庄的《百梅诗》在当时就产生了巨大的影响，引得许多诗人积极应和。可惜这些作品大都失传，保存到今天的不多。方蒙仲的《和刘后村梅花百咏》今存 85 首，应该亦非完璧。《和刘后村梅花百咏》非一时之作，其中的内容比较复杂，且充满矛盾。其中最突出的是梅花形象的复杂性，由此反映了诗人心中的复杂感情。

在有些作品中，梅花成了富贵生活的象征。如第七首：

> 岁岁年年花状头，瑶珰琼佩瑞光浮。
>
> 玉螭赏遍三千界，不识珠帘十二楼。

在这首诗中，梅花不仅是每年的"花状头"，而且浑身珠光宝气。每一朵梅花都像一枚官印，被天帝分赏给"三千界"。当此之时，还有谁记得"珠帘十二楼"即家中思妇的春愁呢？即便是落英，也有着非常高贵的出身。如第三十六首：

纯是沉檀和乳麝，许多珠琭间金块。

素娥亲捣摊成片，玉帝闲游撒下来。

梅花的花瓣是哪里来的呢？作者说，原是天上的仙女将"沉檀""乳麝""珠琭"和"金块"等各种珍宝放在一起捣碎，再摊成薄薄的小片，在玉帝闲游的时候才偶然撒到人间。按照这样的解释，梅花的名贵可想而知。

而在另一些作品中，梅花又成了不甘寂寞的穷士。如第四十二首：

百年老树半边枯，众卉难攀觉太孤。

欲进素馨交茉莉，奈渠浪蕊欠根株。

这株"半边枯"的百年老梅，虽然觉得孤独，有心与茉莉为友，无奈人家不理睬，只好作罢。

有时，梅花是高洁的隐士。如第三十九首：

最堪避世有墙东，细别薰莸鼻观中。

商皓芝香真可老，陶朱铜臭敢称公。

在这首诗中，梅花被比成避世墙东的隐士王君公，对外面的世界冷眼旁观。在诗人看来，不但羽翼汉室的"商山四皓"算不得真正的隐士，以经商致富的陶朱就更没有资格称为"公"了。

有时，梅花是可仕可隐的须眉男子。如第十首：

> 凛凛冰清岩壑气，亭亭玉立庙廊身。
>
> 从前误把瑶姬比，雌了梅花俗了人。

此诗中的梅花，既有冰清玉洁的"岩壑气"，又有致身庙堂的才能。诗人还后悔从前不该把梅花比作美人，因为这样不仅剥夺了花的阳刚之气，而且也显得自己过于俗气了。

《和刘后村梅花百咏》中梅花形象的多样性，实际上是方蒙仲内心矛盾的艺术写照。他渴望建功立业，但一生沉沦下僚，不能有所作为。他有时比较自信，有时非常失落，有时又显得很通达。这些复杂多变的感情，在不同的情境下借助于梅花的形象反映出来。

总之，方蒙仲的咏梅诗不仅多方面展现了梅的品种和在不同状态中的不同风貌，开创了"以诗句咏梅"的新模式，而且通过梅花艺术形象的多样性间接反映了他内心复杂的情感。

南宋是咏梅诗发展的高潮，不仅作品总量急剧增加，而且出现了一些以"百咏"为名的大规模组诗和一些专门的咏梅诗集。南宋以后，中国的咏梅诗虽然继续发展，但发展的步子并不大，在一定程度上走向了模拟前人之路。

第六章　历代咏梅诗人（下）

宋代是咏梅诗繁荣、兴盛的顶点。宋代以后，咏梅诗在某些方面仍然取得了一定的成就，如元代王冕的《墨梅》、明代高启的《梅花九首》都是著名的咏梅佳作，不过从总体上说，元、明、清三代的咏梅诗主要继承了宋代咏梅诗的主要特征，其变化之处明显不足。就其总体而言，主要表现为总结前人的创作经验，并在一定程度上走上了模拟前人的道路。

（元）王冕《墨梅》（局部）

第一节　百咏将来成百题——冯子振

在元代的咏梅诗中，冯子振的《梅花百咏》具有突出的意义。冯子振（1257—1314），字海粟，号怪怪道人、瀛洲客，攸州（今湖南攸县）人。曾任承事郎、集贤待制。"百咏"之名虽出自宋人，但冯子振的《梅花百咏》又有了新的内涵，不仅指一百首诗，而且指其中包含了一百个题目。这是个很有意思的变化。

一、对前人咏梅题目的总结

宋代是咏梅诗发展的黄金时期，宋代诗人，尤其是南宋诗人从不同的角度、不同的侧面探讨了咏梅诗写作的方法，取得了突出的成就。比较而言，冯子振的《梅花百咏》中的题目虽然众多，但总体上仍可以看作是对宋人创作经验的总结。按照所写内容，冯子振的《梅花百咏》可以分为以下几类：

第一类，侧重于展现梅的类别。相关作品有《古梅》《老梅》《疏梅》《孤梅》《瘦梅》《矮梅》《蟠梅》《新梅》《早梅》《鸳鸯梅》《千叶梅》《寒梅》《蜡梅》《绿萼梅》《红梅》《胭脂梅》《粉梅》17 首。这样的作品，在南宋朱熹的组诗《元范尊兄示及十梅诗风格清新寄意深远吟玩累日欲和不能昨夕自白鹿玉涧归偶得数语》中已有先例，该组诗由《江梅》《岭梅》《野梅》《早梅》《寒梅》《小梅》《疏梅》《枯梅》《落梅》和《赋梅》十诗组成。两相比较不难看出，虽然具体类别差别较大，但在表现梅的类别方面则是一致的。

第二类，侧重于表现诗人的梅事活动。相关作品有《忆梅》《探梅》《寻梅》《问梅》《索梅》《观梅》《赏梅》《评梅》《歌梅》《友梅》《寄梅》《惜梅》《梦梅》《移梅》《谱梅》《接梅》《浴梅》《折梅》《剪梅》《簪梅》《妆梅》《浸梅》《别梅》《咀梅》24首。这样的作品，在南宋刘黻的组诗《用坡仙梅花十韵》中也可找到源头，组诗依次为《爱梅》《访梅》《见梅》《探梅》《咏梅》《遇梅》《诉梅》《拟梅》《友梅》《赞梅》十个小标题。冯子振的题目虽然更多，但在表现诗人的梅事活动方面与刘黻的组诗如出一辙。

第三类，侧重于模拟前人典故中的梅。相关作品有《罗浮梅》《庾岭梅》《孤山梅》《西湖梅》《东阁梅》《江梅》《山中梅》《清江梅》《溪梅》《野梅》《远梅》《前村梅》《汉宫梅》《宫梅》《官梅》《廨舍梅》《柳营梅》《城头梅》《庭梅》《书窗梅》《琴屋梅》《棋墅梅》《僧舍梅》《道院梅》《茅舍梅》《檐梅》《钓矶梅》《樵径梅》《蔬圃梅》《药畦梅》30首。即便是这样的作品，南宋人也已经做了开拓。方蒙仲的咏梅诗中就有名为《孤山梅》《溪桥梅》《隔溪梅》《庾岭梅》《罗浮梅》《西湖梅》《前村梅》《江路梅》《亭前梅》《寄驿梅》《隔墙梅》《墙角梅》

等诸多作品。

第四类，侧重于表现不同情境下梅花的精神。相关作品有《盆梅》《雪梅》《月梅》《风梅》《烟梅》《竹梅》《杏梅》《苔梅》《照水梅》《水竹梅》《水月梅》《枝头梅》《担上梅》《隔帘梅》《照镜梅》《玉笛梅》《水墨梅》《画红梅》《纸帐梅》19首。对照南宋陈著的组诗《代弟蓝咏梅画十景》中《先春》《古枝》《宜月》《卧烟》《依松》《依竹》《雪里》《风前》《飞花》《结实》十首诗，冯子振的上述作品亦可谓渊源有自。

第五类，侧重于对梅花和梅子的描写。相关作品有《青梅》《黄梅》《盐梅》《未开梅》《乍开梅》《半开梅》《全开梅》《落梅》《十月梅》《二月梅》十首，这样的诗歌在宋代就更多了。如张至龙的组诗《梅花十咏》就是由《梅梢》《蓓蕾》《欲开》《半开》《全开》《欲谢》《半谢》《全谢》《小实》《大实》十首诗组成的。

从上面的分析可以看出，尽管冯子振的《梅花百咏》作品众多，表现内容多样，但每类作品都是在南宋咏梅诗的基础上加以拓展而成。从这个意义上说，冯子振的主要贡献在于继承和总结南宋诗人在咏梅诗题材内容方面的开拓，并将其加以类别化和系统化，从而形成了自己的特色。

二、写作方式的全面继承

咏梅诗的写作，大致经历了从重视外在形态到揭示内在精神再到书写象征意义的过程。从六朝到宋初，咏梅诗大都重视梅的外在形态，同时借以抒发诗人的情感。自从苏轼提倡"梅格"之后，遗貌取神成为宋代咏梅诗的常态。随着对梅花象征意义的重视，议论的作用在咏梅诗中越来越突出。对于这些写作方式，宋代的咏梅诗人大都各有偏爱。跟他们不同，冯子振的《梅花百咏》全面接受了这些方式。

第一类，主要描摹梅的外在形态，景中含情。如《粉梅》：

> 玉妃手碾白朱砂，散作春风六出花。
>
> 夜半月明霜露重，满襟清泪湿铅华。

此诗不仅将粉梅比作玉妃用手碾碎的白朱砂，而且重点描摹了挂满露珠的梅花苦况。诗人所写都是梅的外部形态，但对梅的怜惜之情亦在其中。又如《乍开梅》：

> 土脉阳回气候新，椒房微露一分春。
>
> 想应未识君王面，犹自含羞效浅颦。

此诗将乍开的梅花比作尚未见到君王的后宫美人，含情脉脉，却又粉面含羞。这类表现外在形象的作品很多，尤其是那些展现梅花类别的诗作，几乎都是如此。

第二类，借梅抒发自己的悲喜情绪。如《落梅》：

谁家吹笛苦悲凉？断却佳人铁石肠。

回首泪痕看不得，离情分付返魂香。

看到梅花的凋零，听到《梅花落》的悲凉笛声，"铁石肠"的佳人满脸泪痕，不由得想起自己的离别之苦。又如《前村梅》：

野老庄南天气暖，一枝常是占先春。

夜来几阵东风迅，时有清香暗袭人。

此诗的立意出自唐代齐己《早梅》中的"前村深雪里，昨夜一枝开"，真切体现了诗人见到早梅的喜悦之情。这样的作品在冯子振的《梅花百咏》中亦颇为常见。

第三类，突出梅的内在精神或象征意义。这样的作品也很多，这里仅举两个例子。如《野梅》：

花落花开春不管，清风明月自绸缪。

天然一种孤高性，直是花中隐逸流。

此诗结合野梅的生活环境，将其写成一个品行孤高的隐士。这里的梅具有明显的象征意义。又如《雪梅》：

> 北帝司权播令新，天葩凡卉斗精神。
>
> 化工不让花神巧，特与增添一树春。

此诗不仅将梅花称为"天葩"，而且突出其与"凡卉斗精神"的一面，这是对梅的精神的刻画。

第四类，通过议论手法评论与梅相关的问题。如《评梅》：

> 屈子骚经遗不录，石湖芳谱漫俱收。
>
> 试凭西掖攀花手，题向百花花上头。

诗人既为屈原的《离骚》没有收录梅花而感到惋惜，也对范成大《范村梅谱》不加选择的罗列方式表示不满。于是他决定用自己的妙手，尽情地赞美梅花。又如《庾岭梅》：

> 谁种霜根大庾岭？地高天近得春先。
>
> 枝南枝北元同干，何事东风亦有偏。

大庾岭上的梅花，南枝开过，北枝才开，这是一个常见的典故。诗人由此发问：同一株梅树，何以会有这么大的差别？为什么春风也如此偏心呢？这样的疑问，似乎不仅仅指梅，可能还有更深的含义。在冯子振的《梅花百咏》中，这样的作品虽然不多，但也有近十首。

对于前人开创的多种咏梅方式，冯子振的《梅花百咏》不分轩轾，兼容并包，全部接纳，这也是其咏梅诗的一个鲜明特点。

三、将百咏发展为百题

相对于宋人，冯子振《梅花百咏》的贡献还表现为将"百咏"发展为"百题"。宋人的《梅花百咏》，不过指一百首咏梅诗而已。至于这些诗歌在内部是如何组成的，主要有两种处理方式。刘克庄先写了一组十首的咏梅组诗，然后反复叠加，二叠、三叠，以至于十叠，加起来为百首。宋伯仁借鉴墨梅的绘画技巧，将梅从蕴含花蕾到凋落、梅子成熟的过程分成若干阶段，在每一阶段中再依据更加细腻的变化分成一些小的题目，每个题目一首诗，加起来也是百首。刘克庄的做法在当时产生了轰动效应，引发了多达几十人模拟；宋伯仁的做法则无人问津。跟他们不同，冯子振的《梅花百咏》就是由一百个题目组成，每个题目下一首诗。如《青梅》：

> 纷纷众口利余口，之子胡为独嗜酸。
>
> 滋味自缘清苦得，傍人何必把眉攒。

此诗由青梅之酸生发开来，说有人（可能所指即诗人自己）喜食青梅。这种嗜好原本因为生活清苦所致，并不需要别人为之

皱眉和同情。这里再以其中最能体现梅艺的几首为例来看。如
《蟠梅》：

> 屈干回枝制作新，强施工巧媚阳春。
>
> 逋仙纵有心如铁，奈尔求奇揉娇人。

蟠梅并非梅的品种，而是园丁将梅的枝条揉曲，从而成为回
环的形状。这样的艺梅技术最迟在南宋中期已经出现，但是一直
不多见，所以生活于元代的冯子振才会觉得"屈干回枝制作新"。
又如《接梅》一诗所写乃是梅树嫁接的好处：

> 残干花疏可奈何，贞心空自抱阳和。
>
> 与君试换冰霜骨，看取明年青子多。

老树干上长出稀疏的花朵，虽有贞心，却已经无力报春了。
可是将这样的枝条嫁接到年轻的树木之上，明年就可以长出累累
的梅子了。《盆梅》所写对象则是将梅作为盆景：

> 新陶瓦缶胜琼壶，分得春风玉一株。
>
> 最爱寒窗闲读处，夜深灯影雪模糊。

盆梅也是宋人发展起来的艺梅技术。诗人将一株小梅栽种在

新烧的瓦缸中,于是,一个盆景就做成了。他将盆梅放在窗台上,即使在雪夜之中,灯下苦读时也可从中得到精神的感召。

每个标题下面写作一首诗,每首诗专门表现一个内容。这样,冯子振《梅花百咏》的表现内容就大大超过了宋代的"百咏"作品。

总之,冯子振继承了前人多方面的咏梅题目,运用了前人各种各样的咏梅方式,其《梅花百咏》具有集大成的意义。不仅如此,他将"百咏"发展为"百题",对咏梅诗的进一步发展也起到推动作用。

(清)费而奇《盆梅》

第二节　和古拟人新变难——释明本与周履靖

冯子振的《梅花百咏》名声很大，引得一些爱好者逐首和答。元代韦圭的《梅花百咏》就是模拟其作，虽然诗题的顺序不同，但题目都是一样的。在诸多拟作之中，元代释明本、明代周履靖的作品较有代表性，现分别加以分析。

一、释明本的两组《梅花百咏》

释明本也是元代重要的咏梅诗人。释明本（1263—1323），号中峰，钱塘人。俗姓孙，住大觉寺。与冯子振、赵孟頫为友。《元诗选二集》卷二十六作者小传载：

其居东林也，赵学士子昂（按，赵孟頫）、冯学士海粟（按，冯子振）为之躬运土木以执役。初，子昂与中峰为友，海粟甚轻之。一日，子昂偕中峰往访，海粟出示《梅花百咏诗》。中峰一览，走笔和之，复出所作《九字梅花歌》以示。海粟竦然，遂与定交。

释明本的咏梅诗成就主要体现在两组《梅花百咏》上。其一即小传里提到的《和冯子振〈梅花百咏〉》。跟冯子振的原作相对照，释明本的和作具有两方面的鲜明特征：

　　一方面是逐首依次和答。在咏梅诗创作中，和答是比较常见的现象。可是，释明本的《和冯子振〈梅花百咏〉》，竟然依次和答了冯子振的《梅花百咏》，这是此前咏梅诗中未有的新现象。据王毅的《海粟集辑存》考察，释明本和作的顺序也与冯子振原作一致。仅有的差别在于冯子振有《孤山梅》和《西湖梅》，而释明本的和作却是《和西湖梅》与《和孤山梅》，二诗的前后顺序颠倒了。但这仅是个别现象，不足以改变释明本逐篇依次和答冯子振《梅花百咏》的结论。

　　另一方面是温婉潇洒的风格。在冯子振的咏梅诗里，经常流露出千帆过后的沧桑感和冷漠感。在释明本的和作中，很少出现这样的情调。他经常使用带有温情的语句，表现出自己的喜悦之情。如下面两首：

古梅

冯子振

天植孤山几百年，名花分占逋翁先。

只今起草新栽树，后世相看亦复然。

和古梅

释明本

起如虬柏卧如槎，犹吐冰霜度岁华。

山月江风常是伴，不知园馆属谁家。

　　略加比较即可看出，冯子振从古梅那里体味到的是生命的轮回，而释明本表现的却是看到古梅时悠然自得的心境。如《和〈新梅〉》：

　　　　幼玉娇姝欲效颦，初花小试一年春。
　　　　花前明月无今古，花下诗人非古人。

　　此诗写第一次开花的小梅，甚至像一个调皮的小女孩。面对着花前的明月，诗人没有去感伤时间的流逝，而是静静地享受着此刻的美丽。又如《和〈落梅〉》：

　　　　风榭飞琼舞遍时，春初早赋惜花诗。
　　　　家童轻扫庭前雪，莫遣香泥污玉肌。

　　从南朝开始，梅花凋零几乎就和感伤结下了不解之缘。冯子振的《落梅》表达的也是这样的伤感。可是释明本的《和〈落梅〉》诗虽然写到惜花，但语言轻快，看不出悲伤情绪。
　　在清代张吴曼的《集古梅花诗十九卷》中，还收录了释明本的另一组《梅花百咏》。这组《梅花百咏》不仅全部采用了七律的形式，而且用韵也很有特色。先看第一首：

自香自色自生神，察变知机始悟真。

梁宋以前浑未识，羲黄而上有斯人。

两三蕊得奇偶象，南北枝分混沌尘。

堪破本根玄妙处，一团清气一团春。

作为第一首，此诗不仅体现了高度的象征性，而且对梅大加赞美。最令人惊异的是，此后的 99 首诗竟然全部采用这首诗的韵脚次韵完成。在咏梅诗中，次韵之作并不罕见，可是这样 100 首诗全用同样韵脚的情况，在以前的作品中还没有出现过。因此，对于咏梅诗来说，释明本的这种做法仍具有一定的新意。清代李确的《梅花百咏》也是按照同样的方式写成的。

总之，无论是和答冯子振的《梅花百咏》，还是用同样的韵脚写作的 100 首《梅花百咏》，释明本的咏梅诗都有一些发展意义，值得肯定。

二、周履靖的《梅花百咏》

周履靖的《和冯子振〈梅花百咏〉》，是在冯子振的《梅花百咏》与释明本的《和冯子振〈梅花百咏〉》的双重影响下写成的。周履靖（1549—1640），字逸之，号梅颠道人、梅颠居士等，嘉兴人，明末戏剧作家。诗后作者自跋云："髫年闻海粟、中峰二君倡咏梅花百首，心向慕之。甲午孟冬之华亭袁太冲书楼，得阅所作，欣然假归，漫和百绝，少畅嗜梅之癖耳。梅颠周履靖识。"由此可以知道组诗写作于万历甲午年（1594），作者时年 46

岁。相对于释明本的"走笔和之"，周履靖的《和冯子振〈梅花百咏〉》却是在家里"漫和百绝"而成。与冯子振、释明本二人的作品比较，周履靖的《和冯子振〈梅花百咏〉》可大致看作对前二人的模拟，似乎没有明显的特征。尽管如此，在一些小的地方，仍然可以看出一些发展和变化。现选择两个方面来分析。

一方面，虽然周履靖也是逐篇和答，但并没有按照冯子振原来的顺序。在冯子振的原作中，前面20首诗的标题依次为《古梅》《老梅》《疏梅》《孤梅》《瘦梅》《矮梅》《蟠梅》《新梅》《早梅》《鸳鸯梅》《千叶梅》《寒梅》《蜡梅》《绿萼梅》《红梅》《胭脂梅》《粉梅》《青梅》《黄梅》《盐梅》。释明本的《和冯子振〈梅花百咏〉》也采用了同样的顺序。可是在周履靖的《和冯子振〈梅花百咏〉》中，前面20首诗的标题依次为《和矮梅》《和蟠梅》《和鸳鸯梅》《和千叶梅》《和苔梅》《和寒梅》《和腊梅》《和绿萼梅》《和红梅》《和胭脂梅》《和粉梅》《和杏梅》《和新梅》《和早梅》《和未开梅》《和古梅》《和老梅》《和疏梅》《和孤梅》《和瘦梅》。略作对比就可以发现，尽管大多数标题是一致的，可是它们的排列顺序却发生了很大的变化。之所以会出现这样的变化，一个合理的解释是：周履靖并非按照冯子振的原作顺序逐首和答，而是根据自己的兴致，对哪几首产生了兴趣，就去和答哪几首。最后，再按照完成的顺序排列，就成了这样的顺序。这也算是周履靖《和冯子振〈梅花百咏〉》与冯子振《梅花百咏》的一个差别。

另一方面，将仄韵诗运用到和答之中。冯子振的《梅花百咏》、释明本的《和冯子振〈梅花百咏〉》都是由 100 首七绝组成的，而且其中的所有作品皆押平声韵。可是在周履靖的《和冯子振〈梅花百咏〉》，却呈现出少量异样的色彩。如《和〈全开梅〉》：

> 罗浮昨夜春风烈，万树梅花白似雪。
>
> 香飘不断影疏斜，题彻新诗成百绝。

在这首诗中，作者明确地说"题彻新诗成百绝"，此诗自然也属于"百绝"之一。不过，这首绝句不仅没有像一般的绝句那样押平声韵，而且第二句还不合律，用了一个三仄调。其实，只要作者将"似"字改为"如"字，这首诗就完全符合近体诗的要求了，可是他并不愿意改。现在看下面两首诗：

全开梅
冯子振
> 玉脸盈盈总是春，都将笑色媚东君。
>
> 道人放鹤归来晚，月下看花似白云。

和全开梅
释明本
> 琼姬小队遍深宫，满面春生大笑中。
>
> 毕竟花房羞半掩，一齐分付与东风。

坦率地说，冯子振的原作写得最好，释明本的和作显得一般，而周履靖的和作似乎更差一些。也许就是因为诗写得平常，所以才会在用韵上下更多的功夫。他故意使用三仄调，也许就是想把古体诗的傲峭风格引入近体咏梅诗中。

与其类似的还有《和水竹梅》：

> 一树疏梅数竿竹，白似琼瑶绿似玉。
>
> 夜深水底影纵横，花神惊起蛟龙宿。

这也是一首仄韵诗，不仅第二句不合律，使用了三仄调，而且两联在平仄上都没有对仗，整首诗压根就不能算作近体诗。而可圈可点的是，此诗不仅刻画了白梅的形貌，而且体现其与水、竹相映的神采。比较而言，冯子振的原作偏于称扬竹、梅的贞心：

> 寒流浸玉映疏林，翠袖绡裳冷不禁。
>
> 不向此中清浅处，谁能照见两君心。

而释明本的和作却着意渲染寒夜赏梅的幽静和潇洒：

> 波涵修翠玉玲珑，院落清幽自不同。
>
> 冷浸湘云带疏影，一般潇洒月明中。

　　三诗的侧重点各不相同，很好地阐释了原作与和诗之间关系的复杂性。对于自己的《和冯子振〈梅花百咏〉》，周履靖非常重视。他有《叙和梅花诗四言二十韵》一诗专门叙述写作的缘起和经过：

　　甲午泛舟吴淞，访太冲袁君，既而登书楼，得观冯海粟《梅花百咏》，倚题和之。

> 海粟冯君，咏梅百绝。
>
> 髫年以闻，仰之殷切。
>
> 索求先辈，无由得阅。
>
> 甲午泛舟，小春令节。
>
> 华亭访鹤，邂逅俊杰。
>
> 袁安慷慨，情投意协。
>
> 邀登虚阁，群编陈设。
>
> 竹炉煮茶，石鼎香爇。
>
> 促膝方床，玄谭不辍。
>
> 契如胶漆，弗忍云别。
>
> 披涉琅函，云章满箧。
>
> 检诸玉册，梅谱在列。
>
> 调古词新，相符欣悦。
>
> 沛然江河，滔滔不竭。
>
> 锦词绣句，圆珠玉屑。
>
> 假而登舟，复归岩穴。

静究苦思，虑涤心洁。

词理未工，敲推赤舌。

追和百韵，幽怀顷雪。

剞劂梓木，永存西浙。

释明本与周履靖都以和答冯子振的《梅花百咏》闻名，但平心而论，由于缺少创新，这样的和答价值并不高。释明本与周履靖的例子说明，元、明以后，咏梅诗的创新之处明显减少，而拟古、和古成了无奈的选择。在这样的困境中，即使诗人有意寻求新变，也难得有真正的进展。在清代，和答冯子振《梅花百咏》的风气仍然存在，如王夫子《和梅花百咏诗》就是这样的作品。

第三节　但将集句赋深情——张吴曼

明清两代的咏梅诗，由于开拓乏力，以守成、模拟和集成为主。与此同时，相关的集句作品却得到了迅速发展，出现了至少20种集句咏梅诗集。张吴曼的《集古梅花诗十九卷》是其中突出的代表。张吴曼（生卒年不详），字也情，号梅禅，上海人，具体事迹不详。《集古梅花诗十九卷》中的咏梅诗共有以下五组：

其一，是《梅花百和·和中峰禅师韵》100首七律。《集古梅花诗十九卷》卷前收录了元代释明本即中峰禅师用相同的诗韵写作的《梅花百咏》，上节已引用其第一首；张吴曼的这组作品乃是和作，用韵也完全一致。如以下两首：

其一①

飒飒英风信有神，酿成珠卉吐来真。

千寻远影空中落，满场闲云方外人。

露叶霜枝剪寒碧，银鞍玉勒斗香尘。

凌波仙子生尘袜，晓梦盈盈湘水春。

其二②

疏枝犹带旧精神，月下相逢认未真。

玉色独钟天地正，幽姿偏动古今人。

且邀翠竹为同社，纵入纷华不后尘。

岭上梅花三百树，相随十里暗生春。

两首诗不仅全部使用他人现成的诗句，而且同样依次使用了"神""真""人""尘""春"五个韵脚。除了这两首诗，其余

---

① 此诗依次集俞渊、张豫源、何司朋、月峰、苏东坡、唐伯虎、黄山谷、倪瓒之诗句而成。

② 此诗依次集萨天锡、韦德圭、张泽民、张豫源、郑毅夫、韩仲止、小青、林若樵之诗句而成。

的 98 首也是如此。如果说释明本这样写作《梅花百咏》已经非常困难，张吴曼采用集句的方式来写作，其难度更是增加了数倍。不仅如此，二诗在意思上也一贯而下，自然地流露出诗人对梅花的满腔热情。

其二，是《梅花集句·和涉江陈先生韵》16 首七律。"陈先生"的原诗当是 16 首，张吴曼的这组诗乃逐首次韵而成，如第一首①：

> 无那狂风做小寒，冻枝惊鹊语声干。
>
> 从教腊雪埋藏得，谁识冰霜立处难。
>
> 忽有梅花来陌巷，早将春信报平安。
>
> 数枝残丝风吹尽，片玉移来入画栏。

虽然没有见到"陈先生"的原诗，但既称"和韵"，则此诗中"寒""干""难""安""栏"也应该都是"陈先生"原诗第一首本来就有的几个韵脚。

其三，是《梅花集句》十首七律。这组诗以唐代崔道融《梅花》中的诗句"香中别有韵，清极不知寒"十字为韵，依次作了

---

① 此诗依次集曾茶山、叶少蕴、王安石、俞渊、冯海粟、苏东坡、沈□君之诗句而成。

十首集句诗。如第三首①：

> 一树寒花照幽绝，相看不忍轻攀折。
>
> 城中忙失探梅期，云外远疑持汉节。
>
> 消得诗人笔似椽，莫夸赋客心如铁。
>
> 苦吟直欲骨通仙，只为花清诗自别。

　　这是一首仄韵七律，各句的韵脚"绝""折""节""铁""别"均属于入声九屑。之所以采用这个韵部，是由于这首诗排列第三，当用到"香中别有韵"中的"别"字。如果说集句写作律诗已经极其艰难，用仄声韵则把这种难度又提高了一步。

　　其四，是《集唐梅花诗》100 首五律。虽然还是集句，跟前面几组杂集不同朝代的诗句不同，这些作品主要采用唐代（包括五代）的诗句，所以被称作"集唐"。如第一首②：

> 曲径通幽处，园中有早梅。
>
> 一枝方渐秀，万物尽难陪。
>
> 献岁春犹浅，寒香风自媒。

---

① 此诗依次集程敏政、冯海粟、杨诚斋、中峰、许有任、叶景南、元菊村、张泽民之诗句而成。

② 此诗依次集常建、孟浩然、元稹、朱庆余、畅诸、韩致光、李昌符、费昶之诗句而成。

空庭吟坐久，举袂送芳来。

严格地说，这首诗算不得集唐，因为"举袂"一句的作者是梁代人，并非唐五代人。同样的情况还有很多，如隋炀帝（其五）、谢灵运（其七）、傅玄（其八）等唐前诗人的诗句都很常见。

其五，是《梅花诗集唐》100首七律。这些作品在形式上非常独特，全以樊晃的"十月先开岭上梅"为首句。由于"梅"是平声字，用在首句之尾也就意味着入韵，其实也就决定了这100首诗歌都是以"梅"字在平水韵所属的灰韵中的字作为韵脚。如第一首①：

十月新开岭上梅，胡蜂未识更徘徊。

雪欺春浅翠芳草，玉液琼酥作寿杯。

不向碧台迷醉梦，岂无香迹在苍苔。

倒尊今日忘归处，斜凭栏干首重回。

由于唐代以前七言诗不发达，所以张吴曼的这组七律是比较纯粹的集唐诗，使用唐前诗句的情况非常少见。

---

① 此诗依次集樊晃、徐凝、李绅、朱庆余、罗邺、韩偓、伍乔、李山甫之诗句而成。

　　张吴曼的集句咏梅诗并非只有七律和五律两种形式，其76岁时还写了一首《集唐大梅歌》：

> 青阳振蛰初颁历，独立江边沙草碧。
> 一枝为报①殷勤意，走傍寒梅访消息。
> 嫁与东风不用媒，若教解语应倾国。
> 枝怪干鳞皴，祥辉四望新。
> 苦心三百首，思与尔为邻。
> 千行珠树出，晴雪花堪惜。
> 浩宕忽迷神，古甲摩云拆。
> 繁花四面同，叠树互玲珑。
> 妍华不可状，柯偃乍疑龙。
> 日月荡精魄，岁寒无改色。
> 翠轴卷琼瑶，诗句峭无敌。
> 林亭月白幽贞趣，闲踏莓苔绕琼树。
> 故人今日又重来，便拟寻溪弄花去。
> 润色笼轻霭，翠涛过玉薤。
> 陈金罍，携酒海，为见芳林含笑待。
> 入门襟袖远尘埃，手植岩花次第开。

---

① 报，一作"授"。

芳草白云留我住，临行一日绕千回。①

　　此诗虽然使用了唐前陶潜、江总两人的诗句，但其余诗句都是唐代的。全诗的句子长短不一，用韵也多次变化，但前后意思连贯，如出一人之手，在艺术上还是颇为成功的。

　　除了以上这些集句作品，张吴曼还有《梅花十咏》十首七律、《大梅歌》《重观大梅即事》等咏梅诗，甚至还有一篇《梅花赋》。

　　对于张吴曼集句咏梅诗的成就，其同学朱锦（字天襄）在所作的《序》中这样说：

　　甚矣，诗难言也。古诗三千，夫子删之，得五百五篇，今存者仅三百五篇而已。自汉魏以来，作者不下数千人，得传者代不数人，人不数首，一难也。昔文信国先生《集杜》二百首，古今脍炙。后世有集古诸篇，若童廷瑞、杨光溥、沈履德、陈言辈，聚百狐以为裘，而珠联璧合，又一难也。然数家所集，或一篇之中姓氏叠见，或一句之佳前后重出。究之叠见、重出而两无可商者，又一难也。或自出机杼，匠心拈韵，或每篇各韵，十百不

――――――――――――

　　① 此诗依次集刘长卿、顾况、薛涛、李白、李贺、罗隐、无可、于季子、王梦因、陶潜、江总、武元衡、韩文公、曹松、刘方平、黄滔、范正传、王涯、王昌龄、李德裕、常衮、姚鹄、唐玄宗、鲍溶、贾至、薛逢、独孤及、唐太宗、卢仝、白居易、苏颋、司空曙、李涉、处默、王建之诗句而成。

同，求其依次步和一韵百篇，又一难也。余友也倩，有《梅花集句和中峰禅师一百首》《和陈涉江先生十六首》《集唐二百首》《自和十首》，乃取数千百季之人颠倒于一集之中，取数千百人之诗熔冶于一和之中，取数千百诗之句范围于一韵之中，兼数难而有之，气脉融贯，如出一时一人之口。云汉为章，天衣无缝，不足喻其工也。

通过逐层渲染，朱锦不仅把张吴曼写作集句诗的难度以夸张的手法表现得淋漓尽致，而且对其取得的成就进行热情洋溢的赞美。通过多种多样的集句方式，张吴曼反复渲染了他对梅的挚爱之情，非常动人。即使以形式技巧来看，无论是五律还是七律，无论是分韵还是次韵，无论是押平声韵还是押仄声韵，无论是近体诗还是古体诗，这些集句诗也基本达到了朱锦所说的"天衣无缝"的水平。

从南朝到明清，写作咏梅诗的诗人数量非常多，尤其是宋代，甚至出现了一些专门的咏梅诗人。正是由于他们的共同努力，才使得咏梅诗数量越来越多，艺术成就越来越高，从而使得咏梅诗成为咏物诗中数量最大的一宗。

参考文献

经部

［1］（汉）孔安国传，（唐）孔颖达疏，吕绍纲审定：《尚书正义》，北京：北京大学出版社 1999 年版。

［2］（宋）林之奇：《尚书全解》，《四库全书》（第 55 册），上海：上海古籍出版社 1986—1990 年版。

［3］（汉）毛亨传，（汉）郑玄笺，（唐）孔颖达疏：《毛诗正义》，北京：北京大学出版社 1999 年版。

［4］（宋）朱熹：《诗集传》，北京：中华书局 1958 年版。

［5］（吴）陆玑：《毛诗草木鸟兽虫鱼疏》，《四库全书》（第 70 册），上海：上海古籍出版社 1986—1990 年版。

［6］（明）毛晋：《陆氏诗疏广要》，《四库全书》（第 70 册），上海：上海古籍出版社 1986—1990 年版。

［7］赵浩如：《诗经选译》，上海：上海古籍出版社 1980 年版。

史部

顾建国：《张九龄年谱》，北京：中国社会科学出版社 2005年版。

子部

[1]（汉）刘向撰，赵善诒疏证：《说苑疏证》，上海：华东师范大学出版社 1985 年版。

[2] 俞建华：《中国古代画论精读》，北京：人民美术出版社 2011 年版。

[3]（宋）范成大：《范村梅谱》，谭属春、严昌注释：《俗文化四书五经》，深圳：海天出版社 1996 年版。

[4]（宋）姚宽著，孔凡礼点校：《西溪丛语》，北京：中华书局 1993 年版。

[5]（清）宫梦仁：《读书纪数略》，《四库全书》（第 1033册），上海：上海古籍出版社 1986—1990 年版。

[6]（汉）刘歆撰，（晋）葛洪集，向新阳、刘克任校注：《西京杂记校注》，上海：上海古籍出版社 1991 年版。

[7]（南朝宋）刘义庆著，李毓芙注：《世说新语新注》，济南：山东教育出版社 1989 年版。

[8]（元）陶宗仪：《辍耕录》，《四库全书》（第 1040 册），上海：上海古籍出版社 1986—1990 年版。

集部

[1] （唐）李世民著，吴云、冀宁校注：《唐太宗全集校注》，天津：天津古籍出版社 2004 年版。

[2] （唐）杨炯著，谌东飚点校：《杨炯集》，长沙：岳麓书社 2001 年版。

[3] （唐）李白著，（清）王琦注：《李太白全集》，北京：中华书局 1997 年版。

[4] （唐）白居易著，顾学颉点校：《白居易全集》，北京：中华书局 1979 年版。

[5] （唐）柳宗元著，曹明纲标点：《柳宗元全集》，上海：上海古籍出版社 1997 年版。

[6] （唐）罗隐著，雍文华校辑：《罗隐集》，北京：中华书局 1983 年版。

[7] （宋）欧阳修著，李逸安点校：《欧阳修全集》，北京：中华书局 2001 年版。

[8] （宋）刘敞：《公是集》，北京：中华书局 1985 年版。

[9] （宋）苏轼著，孔凡礼点校：《苏轼文集》，北京：中华书局 1986 年版。

[10] （宋）苏轼著，屠友祥校注：《东坡题跋》，上海：上海远东出版社 1996 年版。

[11] （宋）黄庭坚著，屠友祥校注：《山谷题跋》，上海：

上海远东出版社 1999 年版。

[12]（宋）李清照著，王学初校注：《李清照集校注》，北京：人民文学出版社 1979 年版。

[13]（宋）史浩《鄮峰真隐漫录》，《四库全书》（第 1141 册），上海：上海古籍出版社 1986—1990 年版。

[14]（宋）朱熹著，郭齐、尹波点校：《朱熹集》，成都：四川教育出版社 1996 年版。

[15]（宋）刘辰翁：《须溪集》，《四库全书》（第 1186 册），上海：上海古籍出版社 1986—1990 年版。

[16]（元）冯子振著，王毅编：《海粟集辑存》，长沙：岳麓书社 1990 年版。

[17]（元）王冕著，寿勤泽点校：《王冕集》，杭州：浙江古籍出版社 1999 年版。

[18]（元）郭豫亨：《梅花字字香》，王云五编：《丛书集成初编》，上海：商务印书馆 1935—1937 年版。

[19]（明）沈行：《白香集》，杭州：丁氏嘉惠堂刻本，光绪二十三年（1897）。

[20]（明）童琥：《草窗梅花集句》，《四库存目丛书》（集部第 46 册），济南：齐鲁书社 1997 年版。

[21]（清）张吴曼：《集古梅花诗十九卷》，《四库存目丛书》（集部第 258 册），济南：齐鲁书社 1997 年版。

[22]（清）徐献廷：《集唐梅花百咏》，温州：抄本，民国

二十五年（1936）。

　　［23］赵齐平：《宋诗臆说》，北京：北京大学出版社 1993 年版。

　　［24］程杰：《宋代咏梅文学研究》，合肥：安徽文艺出版社 2002 年版。

　　［25］程杰：《梅文化论丛》，北京：中华书局 2007 年版。

　　［26］程杰：《中国梅花审美文化研究》，成都：巴蜀书社 2008 年版。

　　［27］（宋）郭茂倩：《乐府诗集》，北京：中华书局 1979 年版。

　　［28］（宋）陈起：《江湖小集》，《四库全书》（第 1357 册），上海：上海古籍出版社 1986—1990 年版。

　　［29］（元）方回选评，李庆甲集评校点：《瀛奎律髓汇评》，上海：上海古籍出版社 2005 年版。

　　［30］（清）吴之振编：《宋诗钞》，上海：上海古籍出版社 1993 年版。

　　［31］（清）彭定求等编著：《全唐诗》，北京：中华书局 1960 年版。

　　［32］（清）顾嗣立：《元诗选》，上海：上海古籍出版社 1993 年版。

　　［33］鲁迅校录：《唐宋传奇集》，哈尔滨：北方文艺出版社 2006 年版。

[34] 逯钦立辑校：《先秦汉魏晋南北朝诗》，北京：中华书局 1983 年版。

[35] 北京大学古文献研究所：《全宋诗》，北京：北京大学出版社 1996 年版。

[36] 唐圭璋：《全宋词》，北京：中华书局 1965 年版。

[37] 陈尚君辑校：《全唐诗补编》，北京：中华书局 1992 年版。

[38] （宋）蔡正孙撰，常振国、降云点校：《诗林广记》，北京：中华书局 1982 年版。

[39] 洪亮：《夏木清阴：宋诗随笔》，长沙：岳麓书社 2000 年版。

后　记

　　这本小书的写作，最初源于一个偶然的机缘。记得2014年农历新正到来的时候，我给恩师戴伟华教授打电话拜年，他说正在策划一个拟名为"文化与诗"的小型丛书，并希望我参加其中。戴老师还给我指定了范围，让我在梅、兰、竹、菊即"四君子"中选择一个，然后探讨其与诗之间的关系。由于我对于咏兰、咏竹、咏菊的诗歌均了解不多，所以不假思索地选择了梅。个中原因主要有二：一则因为我这几年探讨集句诗、集句词及相关问题时接触了数量较多的咏梅诗，二则因为南京师范大学的程杰教授已经出版了几本相关的专著，里面也涉及了大量的咏梅诗，能够给我提供一些启发和指导。

　　我敢于接下这个任务还有一个原因，就是戴老师曾经说丛书要求的字数不多，所以我以为应该不太困难。可是当真正动手时，我才意识到原来的想法过于简单了。从六朝到明清，咏梅诗的数量非常庞大，不胜枚举。即使仅以现存的宋代及以前的诗歌来统计，咏梅诗也多达几千首。为了把这些作品找出来，我花了大量的时间去翻阅《先秦汉魏晋南北朝诗》《全唐诗》和《全宋诗》。在此基础上，我将这些作品加以对比、概括和分析，力图把握咏梅诗发展的基本脉络，概括其不同阶段的不同特征。与此同时，我还从咏梅诗的作者中找出一些重要的代表诗人，对他们的咏梅诗成就加以认真的探讨。这也是这本小书的主要内容。

在小书写作过程中，程杰教授的《宋代咏梅文学研究》《梅文化论丛》和《中国梅花审美文化研究》三本著作是非常重要的参考书。但现在既然要新写一本专门讨论梅与诗关系的小书，就不能太多使用程教授的成果。因此，小书中涉及的某些问题，如果程先生已经论述在前，就采用"人详我略"和"避熟就生"的方式进行处理。

戴老师对丛书的基本要求是学术性与可读性相结合，这也让我觉得压力很大。就学术性而言，我只能说通过这本小书大致勾勒出了咏梅诗的发展轨迹，并且概括出了其基本特点，应该是有些"学术性"的。但是就可读性而言，由于我缺少才情，且以前没有进行过这样的尝试，所以显然做得更弱一些。

小书将要付印之际，我更为辜负了戴老师的期望而诚惶诚恐。

张明华
2018 年 4 月 15 日于阜阳师范学院